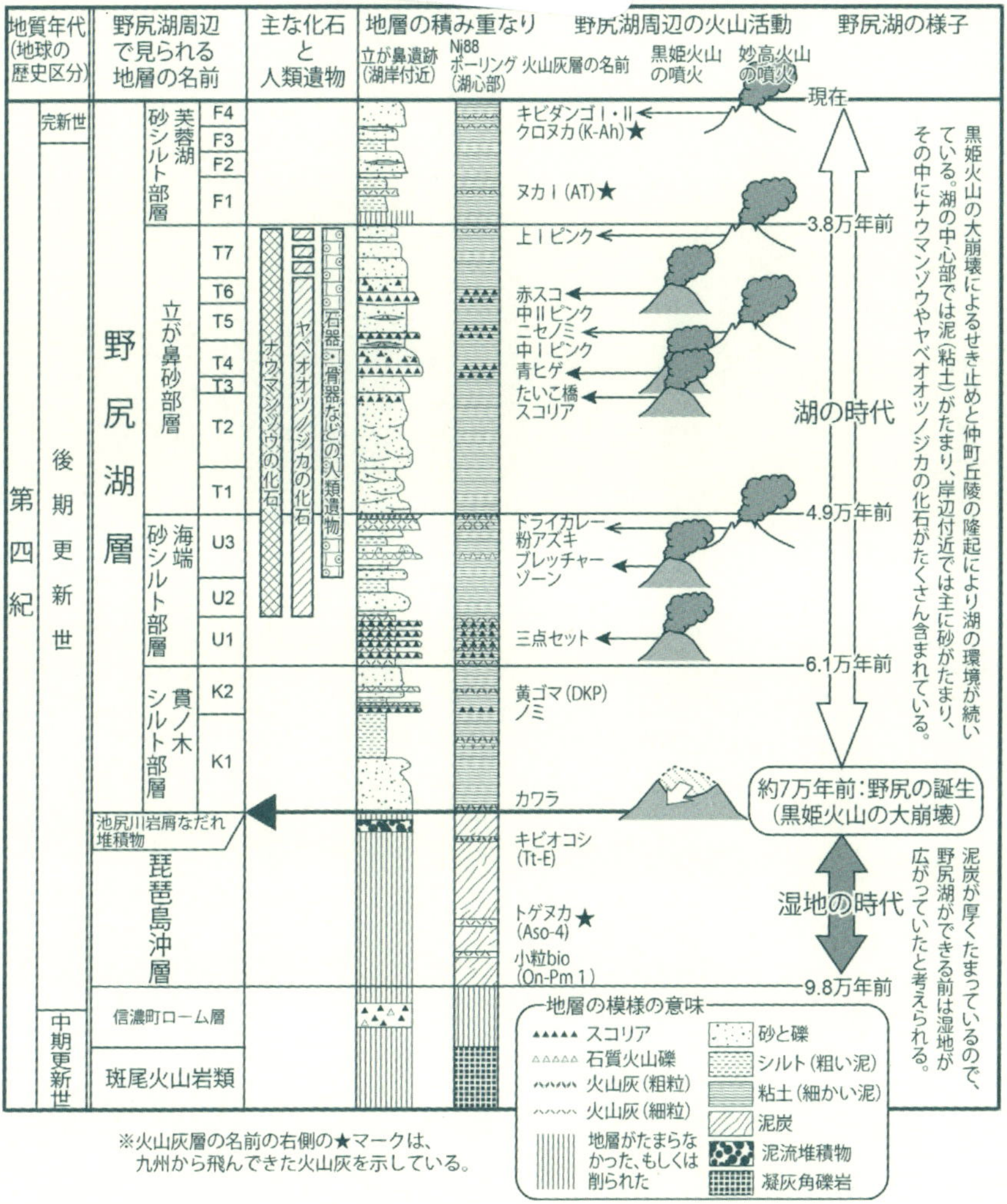

※火山灰層の名前の右側の★マークは、九州から飛んできた火山灰を示している。

野尻湖層の層序表

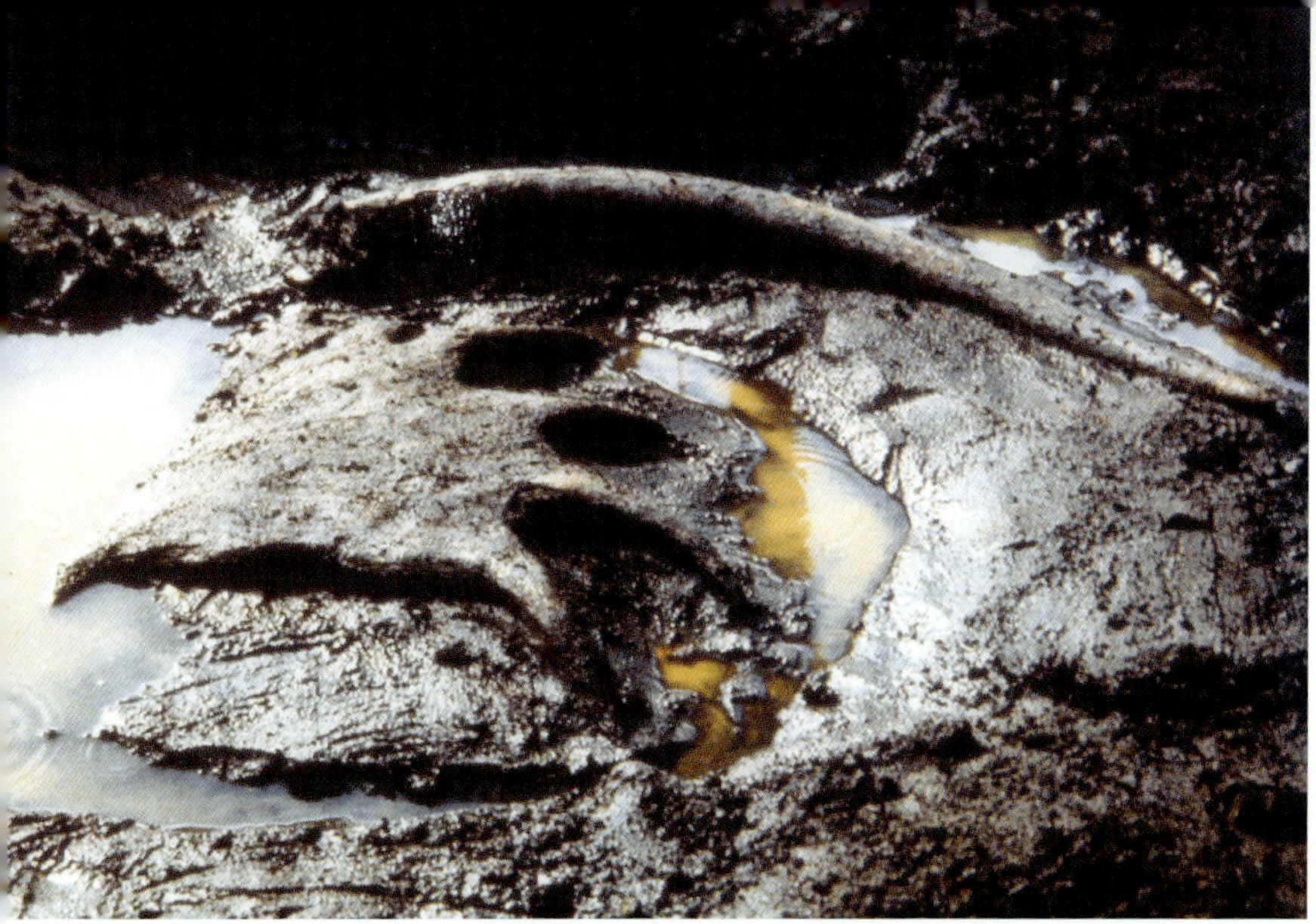

「月と星」ナウマンゾウの牙とヤベオオツノジカの角が並んで出土
（第5次発掘、1973 年3月）

野尻湖から産出したナウマンゾウ臼歯の化石

発掘された骨器　左から1：クリーヴァー、2：スクレイパー、3：ナイフ、
4：尖頭器、5：6と接合した基部加工剥片、6：二次加工のある剥片

水の引いた湖底で行なわれた野尻湖発掘の風景（第8次発掘、1981年3月）

「野尻湖のナウマンゾウ」訂正表

６３ページ６行目

クルミ属、ハンノキ属、シラカバ属　↓　クルミ属またはサワグルミ属、カバノキ属

１１４ページ３行目

亜高山帯　↓　亜寒帯

１２０ページ差し替え

鼻砂部層Ｔ２～Ｔ５ユニット中の花粉化石は、マツ属・トウヒ属・ツガ属などのマツ科針葉樹とブナ属・コナラ亜属などの落葉広葉樹、それにカバノキ属の大きく三つのグループからなります。黒姫山などでは現在、上部にマツ科針葉樹の亜寒帯林が、ふもとには落葉広葉樹の冷温帯林が分布し、両者の境界部分には主としてカバノキ属からなる森が見られます。Ｔ２～Ｔ５ユニットの地層が積もった当時も、野尻湖のまわりの山地には同様な森が分布していたことでしょう。また湖底発掘の時には、チョウセンゴヨウやコメツガ、ヒメバラモミなどのマツ科針葉樹の植物遺体が見つかります。これらは遠くから運ばれたものではなさそうですから、野尻湖付近に生育する中にはマツ科針葉樹も混じっていたはずです。このような落葉広葉樹林は、現在ではどこにもありません。ただ、八ヶ岳や南アルプスの冷温帯林と亜寒帯林との間に、カバノキ属も交えた、良く似た小規模な森があり、当時の野尻湖周辺の気候が現在よりは寒かったことを示しています。これら３グループの花粉化石の割合にはゆるやかな変動があり、針葉樹の多い比較的寒い時代と、落葉樹の増える寒さのゆるむ時期とが、くり返しおとずれたと考えられます。また、野尻湖層に記録された７万年間には、とても寒い時期が２回ありました。１回目は約７万前から６万年前、２回目は約３万年前から１・５万年前です。特に２回目の寒冷期は過去７万年間のなかでもっとも寒く、アシボソネクイハムシの化石が発見されていることからも裏付けられています。

野尻湖のナウマンゾウ

市民参加でさぐる氷河時代

野尻湖発掘調査団 著

新日本出版社

はじめに

長野県北部、新潟県との県境に近い野尻湖で旧石器時代遺跡の発掘調査が始まったのは1962年ですから、2018年は57年目になります。この間、発掘の成果や様子は書物に何回かまとめられ、出版されてきました。例えば、近いものでは1992年の『増補版　象のいた湖　野尻湖発掘ものがたり』（新日本新書）、1997年の『最終氷期の自然と人類』（共立出版）などがあります。その後も調査は続き、現在は2年に1回のペースで発掘が行なわれています。新しい発見もかなり蓄積されてきました。そこで、野尻湖発掘調査団としては、成果を分かりやすく解説した一般向けの本をそろそろ出版する時期だろう、ということになり、この本が生まれました。

合わせて、市民が参加して発掘調査が進められている、特色ある研究スタイルも紹介します。これも最近の活動の様子を中心にしました。野尻湖の発掘調査には「最初から専門家だった人はいない」ということで、大学や博物館の専門分野に所属する研究者・学生以外にも、小・中学校、高校の生徒や先生から、地学や考古学とは直接関係のない職業の人たちが多く参加して、発掘を体験し、発掘で学び、研究を楽しんでいます。また、発掘の運営は参加者が適材適所で平等に分担し、すべて自前で行なっているのも大きな特徴です。このような発掘調査の実際と研究活動の様子を知っていただき、発掘に参加してみよう、という方が増えたらうれしく思います。

各章の内容はかなり独立していますので、興味ある章から読んでいただいて結構です。

この本を作るにあたり、野尻湖発掘調査団では2年前の２０１６年から編集委員会を立ち上げて構成、内容を検討しました。できた構成案をもとに、調査団メンバーが得意なところを分担執筆しました。その後、何回もの編集委員会で検討され本書はでき上っています。まさに、発掘調査団の共同執筆、共同編集によって制作されたものですので、本を作る場面でも調査団の協力体制がよく機能した、といえます。

この本が読者にとって、ナウマンゾウがいた氷河時代の自然環境とヒトの生活に興味を持つ、あるいは発掘調査や地学見学などに足を向けてみようか、と思うひとつのきっかけになったら幸いです。

２０１８年2月28日

野尻湖発掘調査団団長　笹川一郎

目次／野尻湖のナウマンゾウ――市民参加でさぐる氷河時代――

第1章 氷河時代のナウマンゾウ

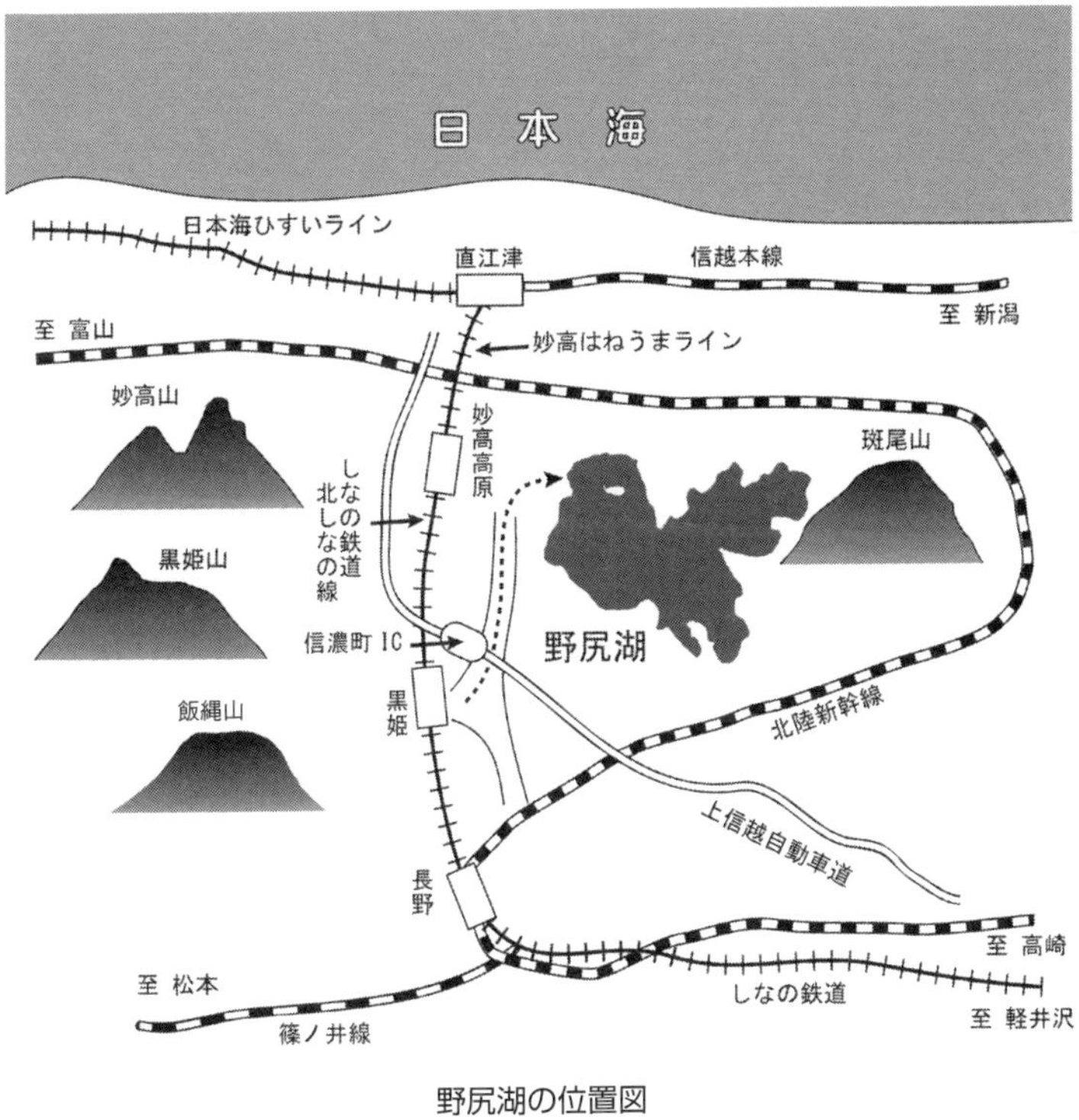

野尻湖の位置図

1　ゾウのいた湖

野尻湖の立が鼻発掘地

野尻湖は長野県の北の端、新潟県との県境にあり、夏は避暑地として、冬はワカサギ釣りなどでにぎわう美しい湖です。標高は657mで、長野県で二番目の大きさがあります。今から70年ほど前に、湖畔でナウマンゾウの臼歯《きゅうし》（奥歯）の化石が見つかったことをきっかけにして、1962（昭和37）年から、55年以上にわたって発掘が行なわれています。これまでに、ナウマンゾウをはじめ日本の氷河時代を代表する化石が続々と発見されてきました。また、人類が使ったのではないかと考えられる骨器《こっき》や石器などもナウマンゾウの化石とともに見つかることから、野尻湖がナウマンゾウの狩り場だったのではないか？という考え（仮説）が提案されました。これを確かめるために、

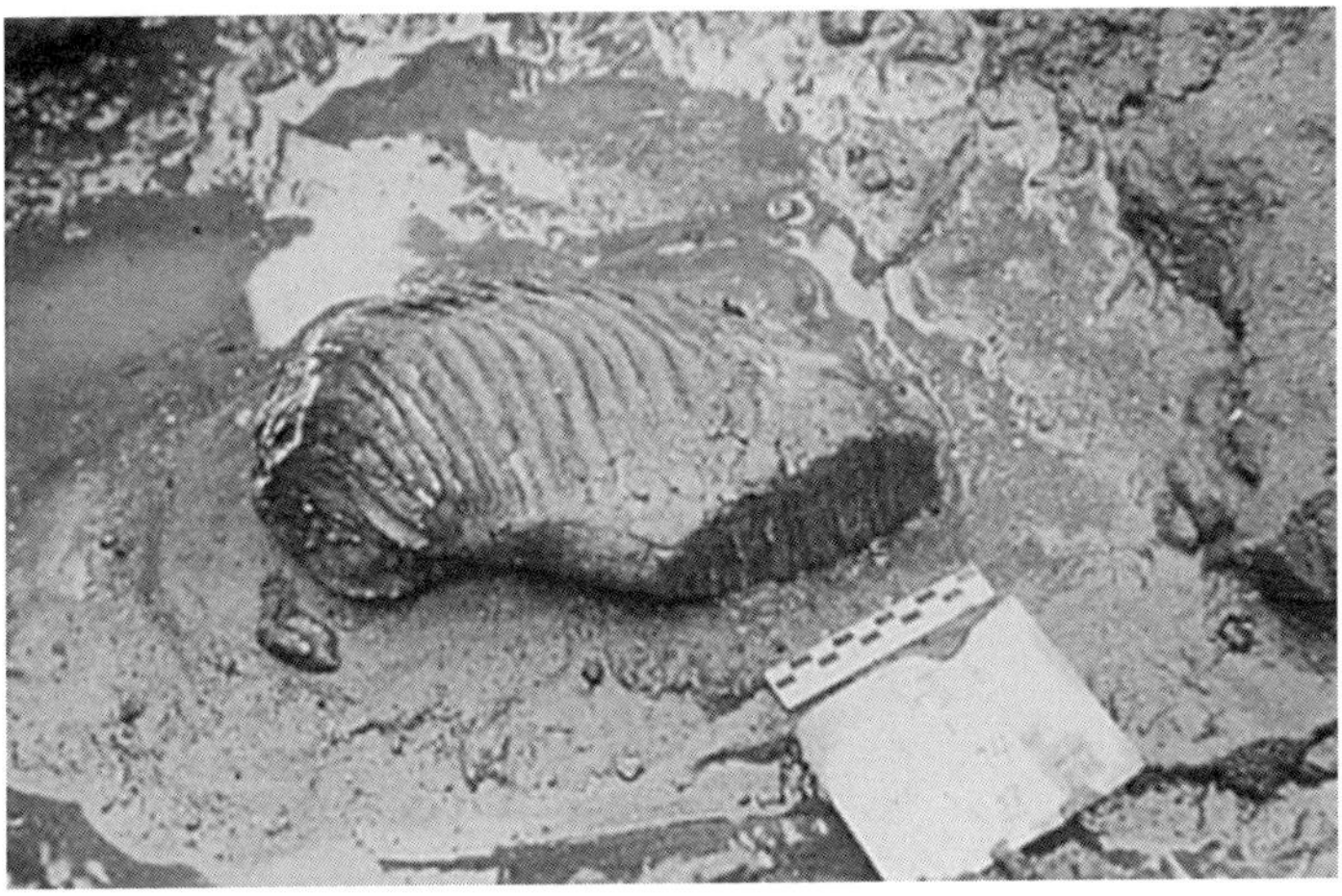
ナウマンゾウの臼歯化石

子どもから大人まで多くの人たちが全国から集まって、現在も市民参加の発掘が続けられています。

（1）野尻湖の発掘

発掘は、まだ雪が残る3月の下旬に行なわれます。これは、野尻湖の水が水力発電に利用され、この時期に水位が下がるためです。ふだんは湖の中にある湖底が干上がるので、この時期を選んで発掘が行なわれます。また、学校も春休みのため、小学生や中学生、学校の先生たちも参加しやすいということもあります。

発掘に参加したい人は、全国にある野尻湖友の会に入会して、学習会や講習会に参加してもらいます。学習会などでナウマンゾウの特徴や掘り方、発掘の進め方などを学びます。大切な化石や遺物が壊されてしまわないように、友の会できちんと発掘のやり方を学んでから発掘に参加するようにしています。

野尻湖は、化石とともに旧石器時代の人類の証拠が見つかっている数少ない貴重な場所です。ヒトがつくったものが埋まっている場所を遺跡と言いますが、野尻湖の発掘地も「立が鼻《たてがはな》遺跡」という遺跡名が付けられています。

（2）なぜ、野尻湖でナウマンゾウの化石が見つかるのでしょうか

野尻湖は約7万年前に誕生し、それからずっと湖でした。このことがナウマンゾウの化石がたくさん見つかることと大きく関係しています。

野尻湖の湖底を掘ると、湖にたまった地層が堆積《たいせき》しています。水底で砂や泥などがつもってできた地層を、水成《すいせい》層といいます。水成層の中では酸欠の状態が続くので、骨が分解されにくく、化石として残りやすいのです。ですから、野尻湖底の水成層中に、ナウマンゾウなどの動物や植物などが化石として残されているのです。また、野尻湖畔はナウマンゾウなどの大型の動物が集まりやすい水辺であったということも、たくさんの化石が見つかる理由でしょう。

（3）野尻湖の誕生

野尻湖は、約7万年前に湖の西方にある黒姫山が大崩壊して流れ下った大量の土砂（池尻川岩屑《いけじりがわがんせつ》なだれ堆積物）が、斑尾《まだらお》山のふもとから流れ出す川をせき止めたことで誕生したと考えられています。

野尻湖の誕生（イメージ）

その後、湖の西側にある丘陵がゆっくりと上昇し続けました。それと同時に、湖の東側が、丘陵とは反対にゆっくりと沈んでいったのです。その証拠に、野尻湖西側の湖岸は単純な形をしているのに対し、東側は岬と入り江が多く、リアス式海岸のように入り組んでいます。このような大地の動きがあったので、約7万年という長い間、湖であり続けることができたのです。

（4）野尻湖層に記録された過去

発掘で大切なことは、化石がどの地層にどのような状態で含まれているかをきちんと調べることです。そうしないと、化石の年代もわからなくなります。

野尻湖に堆積した地層を「野尻湖層」と呼んでいます。発掘を進めている立が鼻遺跡は野尻湖西側の岸辺付近にあり、このあたりでは主に砂やシルト（粗い泥）が堆積しています。

また、野尻湖層の中には、たくさんの火山灰層がはさまれています。その多くは黒姫山と妙高山から飛んできたものですが、千km以上も離れた九州から飛んできたものもあります。現在は活動していない黒姫山も妙高山とともに、野尻湖層が堆積した時代には大きな噴火をくり返す活火山だったようです。

立が鼻遺跡周辺の野尻湖層は、下から順に、貫ノ木《かんのき》シルト部層、海端《うみばた》砂シルト部層、立が鼻砂部層、芙蓉《ふようこ》湖砂シルト部層の四つに区分されています。これらの部層は火山灰層や地層をつくる粒子の大きさや色の違いにより、さらに二つから七つのユニットに区分されます。野尻湖層のうち、ナウマンゾウやヤベオオツノジカの化石、骨器《こつき》や石器などの人類遺物が見つかるのは、約6万年前の海端砂シルト部層U2ユニットから約3・8万年前の立が鼻砂部層T7ユニットの間の地層です。

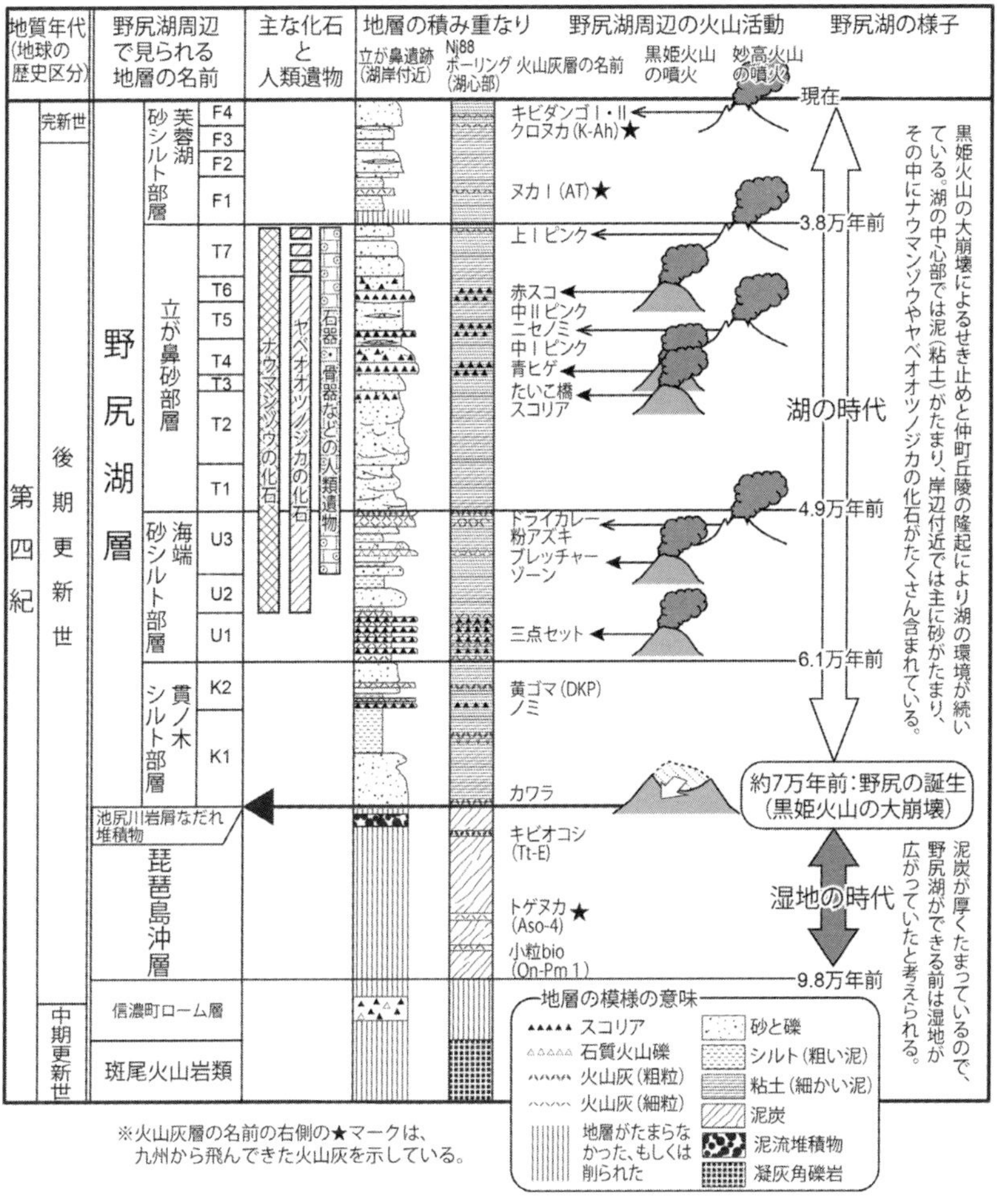

※火山灰層の名前の右側の★マークは、九州から飛んできた火山灰を示している。

野尻湖層の層序表

2　ナウマンゾウはどんなゾウ？

ナウマンゾウの復元

(1) ナウマンゾウの姿

ナウマンゾウは、アフリカゾウやアジアゾウと違い、額《ひたい》がまるでベレー帽をかぶっているかのように、ふくらんでいます。また、前から見ると、キバがアジアゾウよりも左右に広く開いています。背中の輪郭《りんかく》は、アフリカゾウと同じように、肩と腰の2カ所が高くなっています。蹄《ひづめ》の数は、前脚が5、後ろ脚が4ないし5です。

(2) 大きくまがったキバ（切歯《せっし》）

発掘が始まった当時、ナウマンゾウのキバは、アフリカゾウのように、ゆるやかに湾曲していると考えられていました。しかし、第8次発掘で2・4mもあるほぼ完全なキ

ゾウ（オス）の大きさの比較

バが発見されました。これによって「大きく曲がって、ねじれている」ことがわかりました。

さらに、オスのキバの一番太いところは、直径が10㎝以上もあることがわかりました。今までに、野尻湖では、15本のキバが発見されています。そのうちオスのキバが13本、残りの2本は、一番太いところの直径が約5・5㎝で細くまっすぐな、メスのキバであることもわかりました。

（3）野尻湖のナウマンゾウの大きさ

大型の哺《ほ》乳類《にゅうるい》は、肩までの高さ（肩高）で大きさを表します。野尻湖のナウマンゾウは、肩高2・4〜2・8ｍと推定しています。日本の他の地域と比べると、野尻湖のナウマンゾウは大きかったようです。

日本のナウマンゾウは、オスで肩高2・3ｍから2・8ｍ、体重4・5〜5トン、メスは肩高1・9ｍ程度です。アジアゾウは2・9ｍ、アフリカゾウは3・2ｍですので、動物園でよくみられるアジアゾウと同じくらいの大きさになります。

3　野尻湖はナウマンゾウの狩り場？

（1）キルサイトという仮説

野尻湖発掘調査団は、野尻湖が旧石器時代のキルサイトではないかという仮説をもっています。キルサイトは英語の kill-butchering site を略して使用している言葉で、人類が動物を狩猟し、解体する場所のことを意味します。小中学校の社会科の教科書では、旧石器時代の人々はナウマンゾウを狩りして食べていたように書かれています。しかし、「ナウマンゾウを食べていた」ということはまだきちんと証明されていません。

日本の旧石器時代の遺跡では、陸上に堆積《たいせき》したローム層（風成の風化火山灰層）の中に埋もれている場合が多く、骨はとけてしまうため化石となって残りません。そのため、旧石器時代の人骨の発見例がたいへん少なく、見つかっている人骨の大半は石灰岩質の地層が多い沖縄県で、本州ではわずかな骨しか見つかりません。ですから、狩猟採集の対象である動物や植物の化石だけでなく、石器以外

野尻湖で最初に発見された石器

に骨器も見つかる野尻湖は、旧石器時代の人類の生活にせまることができる貴重な遺跡だと考えられます。

（2）石器の発見から始まった

1962（昭和37）年に始まった野尻湖発掘は、ナウマンゾウがどのくらい昔に野尻湖畔にいたのかを確かめることが目的でした。しかし、1964（昭和39）年に行なわれた第3次発掘で、ヒトが作った石器が発見されたことから、ナウマンゾウの化石は自然に埋まったものではなく、ヒトが関わっているのではないかと考えられるようになりました。第7次発掘後の結論は「大量の化石骨と少数の石器をともなうという点で、キルサイトとする意見が出ました。しかし、今のところ狩猟用具と思われる道具が未発見であり、動物の解体に用いたと思われる石器もあまり得られていないので、今後の成果に期待したい」と、まだキルサイト説に慎重でした。しかし、第8次発掘から第10次発

骨製クリーヴァー

掘でキルサイトの証拠と思われる発見があいつぎました。

（3）キルサイトの状況証拠

野尻湖の発掘地の東側をＩ区と呼んでいますが、そのＣ－９グリッドを中心とした半径20ｍほどの範囲の立が鼻砂部層Ｔ４ユニットに、化石と遺物が密集して分布しています。これはキルサイトの状況証拠ではないかと考えられます。

ここには北東―南西方向（当時の湖岸線の方向）に平行して、ほぼ1頭分のものと見られるナウマンゾウの骨が見つかっています。21ページの図に示すように骨の密集する分布範囲で分けると、北に前足、中央に肋骨《ろっこつ》、南に頭骨というまとまりが見られます。しかし、前足と頭骨が離れていることから、1頭が死んで横たわったまま埋まったとは考えにくい状況です。移動の原因はよくわかっていませんが、ヒトが運んだ可能性も考えられます。

頭骨群の中には巨レキや、ヤリ状木質遺物とした、先端がややとがった木の棒があり、狩猟、解体にこれらを用いたのかもしれません。肋骨が散らばっている場所から、クリーヴァーと呼ばれるナタ

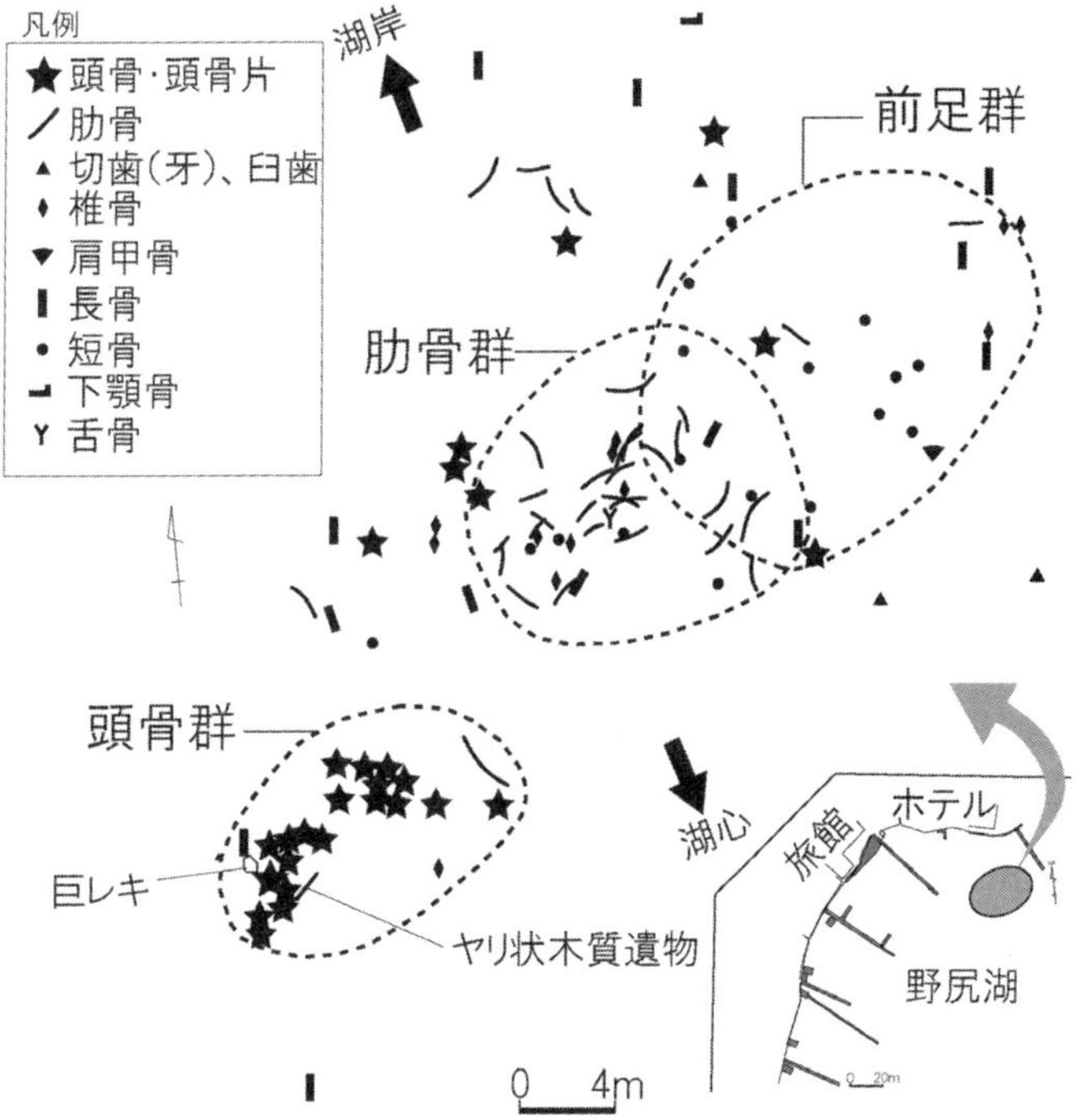

立が鼻砂部層 T4 ユニットにおける化石と遺物の分布

状の骨器も出土しました。また、割れた骨同士が接合する資料が多数見つかりました（22ページの図）。接合資料のひとつ（図A）は骨器同士がくっついたもので、骨器の作り方が推定できるものです。2点の骨器は骨の一端に連続した加工が入っているのが特徴ですが、これは大きな骨を薄く剥いだかけら（剥片《はくへん》）の段階で加工を行ない、その後、2つに分割して2つの骨器にしたという骨器製作の工程が分かりました。また、4点が接合する資料（図B）も見つかりました。骨核《こつかく》（骨器の材料になるかたまり）に3点の骨の剥片が接合するというもので、やや厚い骨から薄い骨の剥片をとっている工程

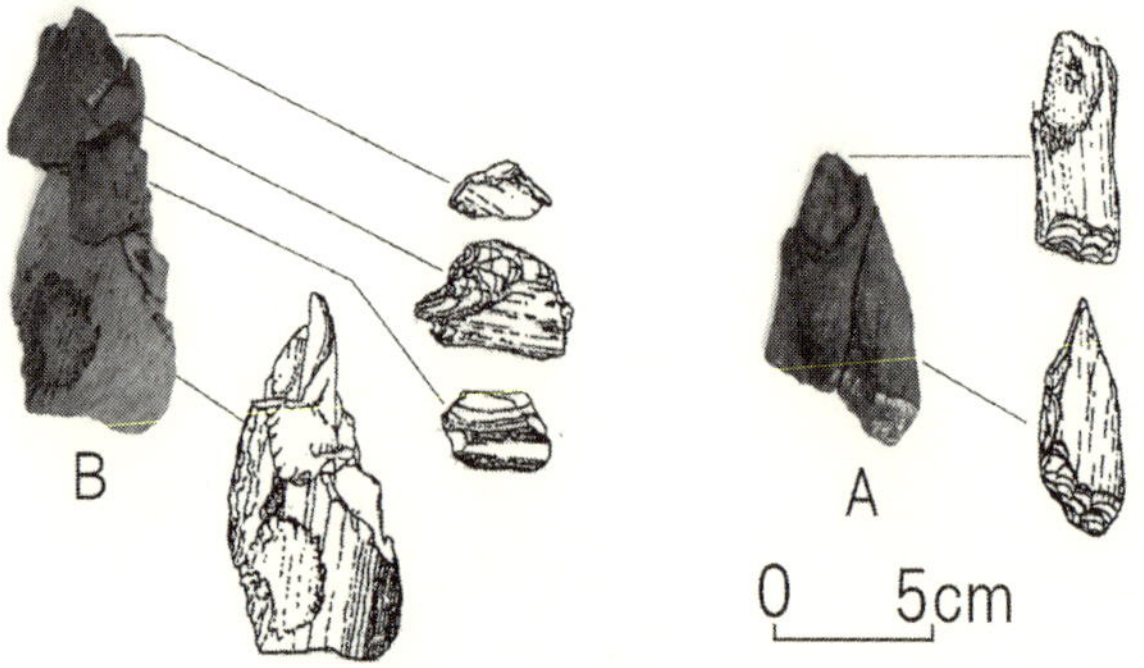

割れた骨同士が接合する資料

が分かりました。ナウマンゾウの狩りのようすはわかりませんが、ここでは骨器を使って解体し、解体しながら骨器を作っていたようすが推定できます。

（4）野尻湖はキルサイトか

世界のキルサイトに詳しい小野昭さん（野尻湖発掘調査団顧問、東京都立大学名誉教授・考古学）は、北米やヨーロッパにおけるキルサイトの調査から、キルサイトの条件を以下のようにまとめています。

1. 狩猟に適した立地であること
2. 1個体から数個体の一定の部分がまとまり、自然死ではなく、なんらかの人為性が認められる出土状態であること
3. 狩猟・解体にかかわる道具を伴うこと
4. 住居跡《あと》や炉跡といった集落についての要素がほとんどないこと

立が鼻遺跡はこの条件のすべてに当てはまります。その上、野

尻湖で産出する化石のうち、そのほとんどがナウマンゾウとヤベオオツノジカの2種の動物で、そのほかの動物の化石が少ないことも不自然であり、ヒトによる選択的な狩猟の結果と見ることができます。さらに、ナウマンゾウの死亡時の推定年齢についての研究では成獣が多いことが指摘されていて、ヒトが成獣をねらって狩りをしていた可能性も考えられます。

これまでの発掘で、キルサイトとしての状況証拠がそろってきました。あとは、狩猟をした直接的な証拠、例えば石器が突き刺さった骨や、解体を裏付ける証拠、例えば石器で傷つけられた骨などが見つかれば仮説を証明できます。こうした証拠を求めて発掘は続いているのです。

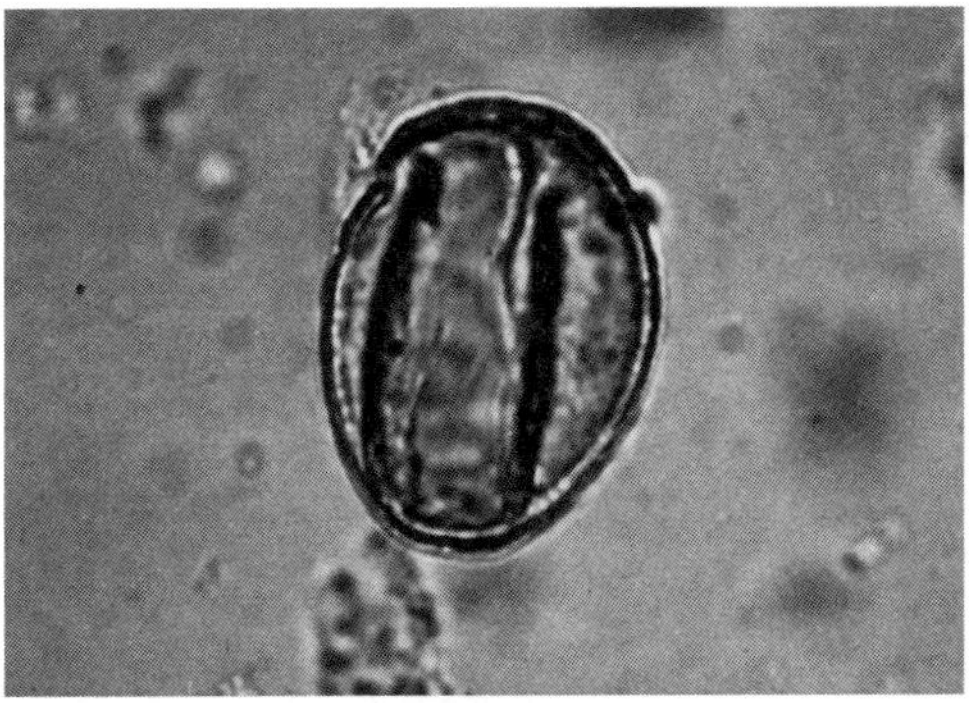

コナラ亜属の花粉化石

4 氷河時代の野尻湖

ナウマンゾウやヤベオオツノジカが歩き回り、その動物を狩りするヒトたちがいた頃の湖のまわりはどんな様子だったのでしょうか。そのことを教えてくれる化石が植物の花粉、球顆《きゅうか》や種子《しゅし》

氷河時代の野尻湖のイメージ
現在の標高1500mにある栂池高原の様子

の化石です。

花粉は小さな化石ですが、とても丈夫な殻でできています。地層の中からこの花粉を取り出して調べると、地層ができたときに湖の周りにはどんな森が広がっていたのかを知ることができます。

ナウマンゾウやヤベオオツノジカの化石を産出する地層に含まれている花粉化石からは、ブナ属やコナラ亜属などの樹木を主とする落葉広葉樹の森（冷温帯の森）が広がり、トウヒ属やツガ属などの針葉樹（亜寒帯の植物）もまじっていたことがわかります。このような森は現在の野尻湖（標高657m）よりも標高が高い黒姫山の1200〜1400mぐらいの環境にあたります。つまり、この時代の気候は現在にくらべて寒く、年平均気温にすると4度〜5度低かったと考えられます。森のようすはいつも同じではなく、ゆるやかな気候の変化があったと考えられます。

その後、野尻湖周辺の気候はさらに寒冷化していったと考えられます。ナウマンゾウが野尻湖から姿を消したあとの、芙蓉湖《ふようこ》砂シルト部層F1からF2ユニットが堆積《たいせき》した時代になると、冷温帯の落葉広葉樹の花粉化石はほとんどみられず、トウヒ属・モミ属・ツガ属・五葉松類などの針葉樹林（亜寒帯の林）が広がっていました。この時代の気候は非常に寒かったと考えられます。この寒かった時代は、ナウマンゾウが野尻湖にいた時期の前後にあたる、今からおよそ7万～6万年前と2・5万～2万年前のことでした。

もっと詳しく知りたい方へ　日本を代表するゾウ化石　ナウマンゾウ

（1）ナウマンゾウという名前の由来

ナウマンゾウの化石は、横須賀市の白仙山《はくせんざん》ではじめて発見されました。この化石を研究したドイツ人のエドムント・ナウマン博士はナルバダゾウとして、1881（明治14）年、世界にはじめて報告しました。その後、京都大学の槇山《まきやま》次郎博士は、浜松市佐浜からみつかったゾウ化石に、日本に特徴的なゾウ化石として、ナウマン博士を記念して、ナウマンゾウという名前をつけて発表しました。こうしてナウマンゾウという名前が誕生しました。

（2）ナウマンゾウ化石の産地

北は北海道の湧別《ゆうべつ》、南は九州の宮崎にいたる、250カ所以上の場所でナウマンゾウ化石が見つかっています。中でもたくさん化石を産出する場所は、野尻湖、瀬戸内海の海底、関東地方などです。あまり知られていませんが、東京の地下の地下鉄工事で、たくさんのナウマンゾウが見つかっています。浜町《はまちょう》駅では1976（昭和51）年の工事中に、ナウマンゾウのメスの頭と体の骨が見つかりました。北海道の幕別《まくべつ》町忠類《ちゅうるい》では1970（昭和45）年に1頭分の肩や手足、腰の骨が見つかりました。各地の博物館で展示されているナウマンゾウの多くは、忠類の標本をもとにしてつくられています。また、千葉県の印旛沼《いんばぬま》周辺や神奈川県の藤沢でもまとまった化石がみつかり、それぞれの特徴を生かした復元がされています。瀬戸内海は、昔から漁網にかかってナウマンゾウの化石が多く見つかる地域として有名です。ナウマンゾウの化石を持っている漁師さんが多く、漁師さんから収集された標本は、国立科学博物館や倉敷自然史博物館などで展示されています。

（3）氷河時代のナウマンゾウ

日本列島で最も古い時代のナウマンゾウが見つかっているのが大阪です。約35万年前の地層から、ナウマンゾウの化石が見つかりました。これよりも古い時代の化石は見つかっていませんが、

ナウマンゾウ化石の分布図

約42万年前に中国大陸と陸続きだった時代があったので、ナウマンゾウはこの時代に日本列島にわたってきたのではないかと考える研究者もいます。最も新しい時代の化石は青森県尻屋崎《しりやざき》から見つかったもので、約2・8万年前のものです。ナウマンゾウがいた時代は氷河時代と呼ばれ、寒くなったり暖かくなったりする時期が交互に訪れた時代でした。約13万年前は、とても暖かく海水面がいまより高かった時代です。この時代には、日本列島のいたるところにナウマンゾウがいました。

（4）ナウマンゾウはなぜいなくなった？

約2万年前は最寒冷の時期で、年平均気温が今より5～7度ほど低く、海水面が現在と比べて120メートルほど下がりました。この少し前の時代に、ナウマンゾウが日本列島から姿を消します。気候の変化に耐えられなくなり、絶滅したと考える人もいます。しかし、ナウマンゾウの先祖は暖かい地域にすむゾウでしたが、住む場所を北へと拡大させ、寒冷な環境に適応していったと考えられます。しかも、野尻湖にナウマンゾウがいた頃より前の、寒い時代も生き延びてきました。ナウマンゾウの絶滅の謎を解く手がかりは、ナウマンゾウの進化の過程にもあるようです。

一方で、約3・8万年前にアジア大陸から後期旧石器時代の人類が日本列島にわたって来ました。この人類がナウマンゾウの絶滅にどのような影響を与えたかについては、まだよくわかっていません。

第2章
楽しい野尻湖発掘

活躍する高校生（第 21 次発掘）

1 発掘のすすめ方

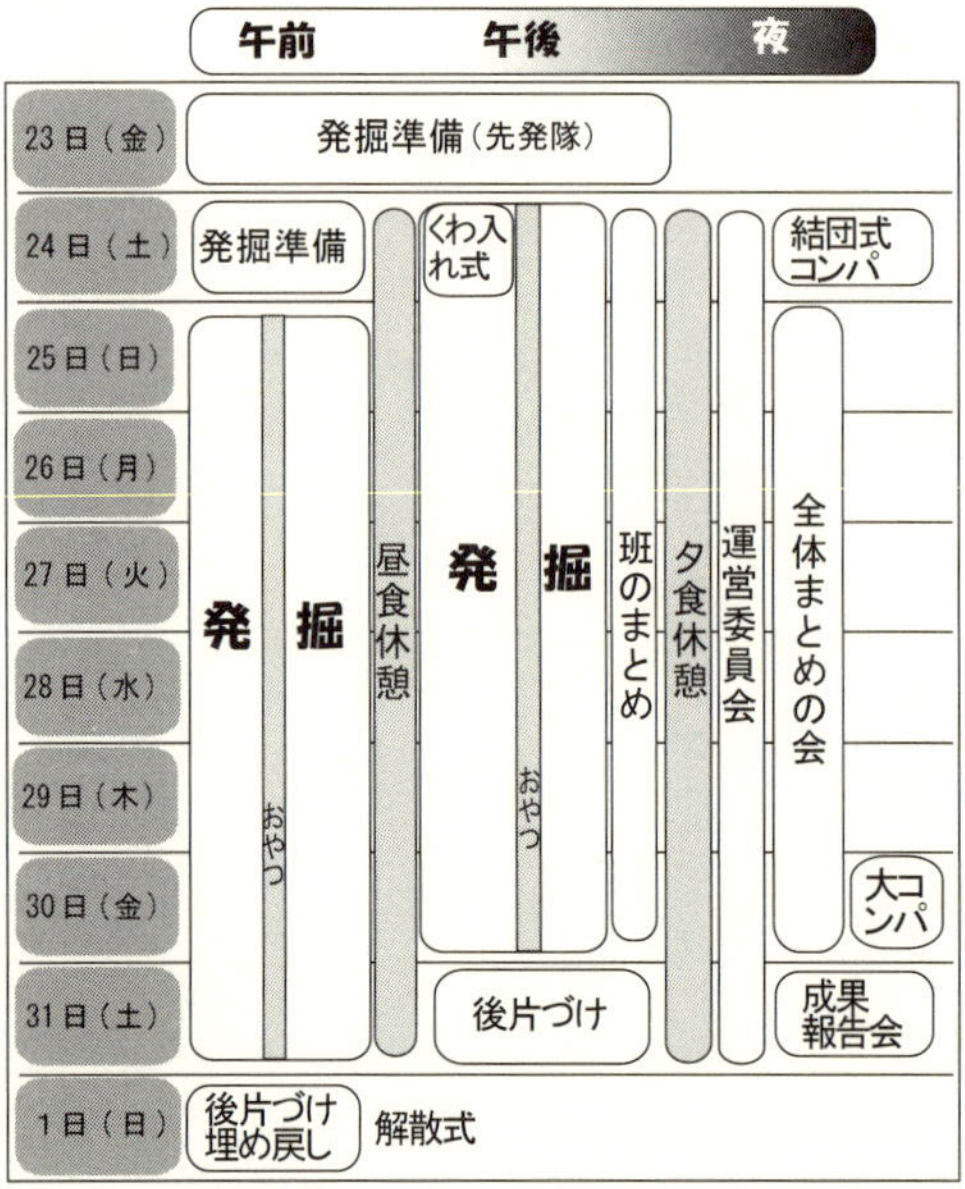

午前
午後
夜
23日（金）
24日（土）
25日（日）
26日（月）
27日（火）
28日（水）
29日（木）
30日（金）
31日（土）
1日（日）
発掘準備（先発隊）
発掘準備
昼食休憩
くわ入れ式
発掘
おやつ
班のまとめ
夕食休憩
運営委員会
結団式コンパ
全体まとめの会
大コンパ
後片づけ
成果報告会
後片づけ埋め戻し
解散式

発掘のスケジュール（第22次発掘）

（1）発掘のスケジュール

野尻湖発掘は、1章で述べたように、野尻湖の水位が下がって湖底が現れる3月末に行なわれます。２０１６年3月に行なわれた第21次発掘がどのようにすすめられたかを紹介しましょう。

1日目と2日目午前は「発掘準備」となっています。これは、いきなり発掘ができるわけではなく、さまざまな準備が必要だからです。まず、どこを掘るか、湖底を測量して、グリッド（4m四方の区画）が決められます。21次発掘では、3つの発掘班が組織されているので、3グリッドが決められました。それから、発掘に必要な道具や資材を運ぶ、排水溝を掘る、案内板の設置、受付準備などを行ないます。発掘調査団では、これらの仕事をする人達を「先発隊」と呼んでいます。発掘をスムーズに行なうためのとても大切な仕事です。

2日目の午後、団長さんや地元のみなさん、発掘班の代表者による「くわ入れ式」を行ないます。「くわ入れ式」のあと、いよいよ発掘班に分かれて発掘開始となります。発掘は、その後7日間、午前も、午後も毎日続きます。7日間のうちには、晴れて気持ちよく発掘が進む日もありますが、雨や雪で困難な日もあります。みんなで協力して発掘を進めます。

くわ入れ式　（第21次発掘）

最後は、「後片付け」と「埋め戻し」となります。用具や資材は、次回も使うので手入れや管理が大切です。どこに、何を置くか、次回の発掘で困らないように整理して片付けます。また、埋め戻しは、掘り上げた土砂を元に戻し、発掘を始める前と同じようにきれいにならします。

（2）発掘の1日

集合は発掘がスムーズに行なえるよう5分前集合です。発掘は午前

8時30分～11時30分、午後1時30分～4時30分で、班長が中心になって発掘を進めていきます。発掘は、ただやみくもに掘っているばかりではありません。発掘の途中には、発掘班ごとに、地層の学習や産出した化石の見学会などがあります。午後の終了の前に、各班の1日のまとめを現場で行ないます。

夕食後には、運営委員会と全体のまとめの会があります。運営委員会は運営係、班長、係長、顧問が出席して、その日の問題点などが話し合われます。全体のまとめの会は参加者全員が参加して行なわれます。各専門班からその日の成果の発表があり、続いて各係、運営上の問題点などの提案があり、検討されます。化石や遺物の学習会などもあり、最後に翌日の予定が提案されます。全体のまとめの会では、参加者が意見を出し合い、話し合いのなかで問題を解決し、明日からの方針を決めていきます。

楽しみなおやつの時間

発掘の1日の中で一番の楽しみは、午前・午後のおやつの時間です。お茶とお菓子が基本ですが、寒い日には温かい特製スープが出たりします。また、お菓子には、むさしの友の会特製の「地層クッキー」の日と発掘期間限定おまんじゅう「ナウマンジュウ」の日があります。

2　発掘をささえる係や班の活躍

(1) 発掘班、班長・記載係

発掘の係や班の仕事は、小学生から専門家まで能力や経験に応じて参加者全員で分担します。必ずひとり一つは仕事があり、「お客さん」はひとりもいません。子どもたちも立派に自分の仕事を行ないます。自分の仕事は責任をもって行なう、これが発掘の基本です。

参加者は発掘班に入り、発掘班は10~20人の班員によって一つのグリッドを担当します。発掘班をまとめ、その中心になるのは班長です。出土した化石や遺物を記録するのが記載係です。そのほか、おやつ配りや道具の管理、そうじや班の安全に気をくばる仕事についてもみんなで分担します。

化石などを発見したら掘る手を止めて、「班長ー、これー、見てー」と、まず班長を呼びます。班長は自分で判断して、処理ができないときには専門班を呼びます。次に専門班と相談して、化石・遺物の取り扱いを決め、班員に指示を出します。班長の仕事は、自分で掘るのではなく、みんながとどこおりなく発掘できるよう気を配ることです。人を見、時間を見、地層を見るのが仕事です。

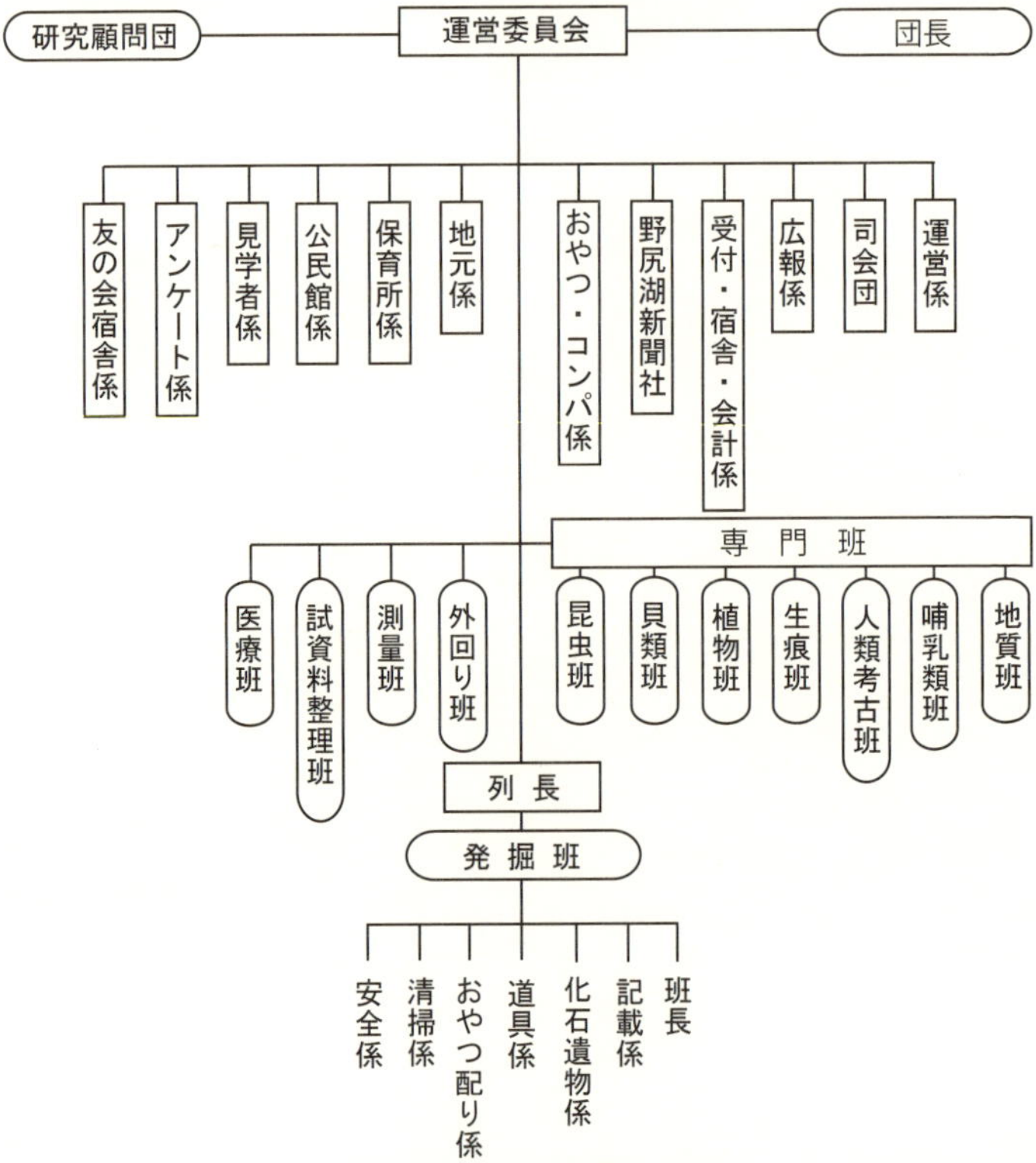

係・班の組織図　（第21次発掘時）

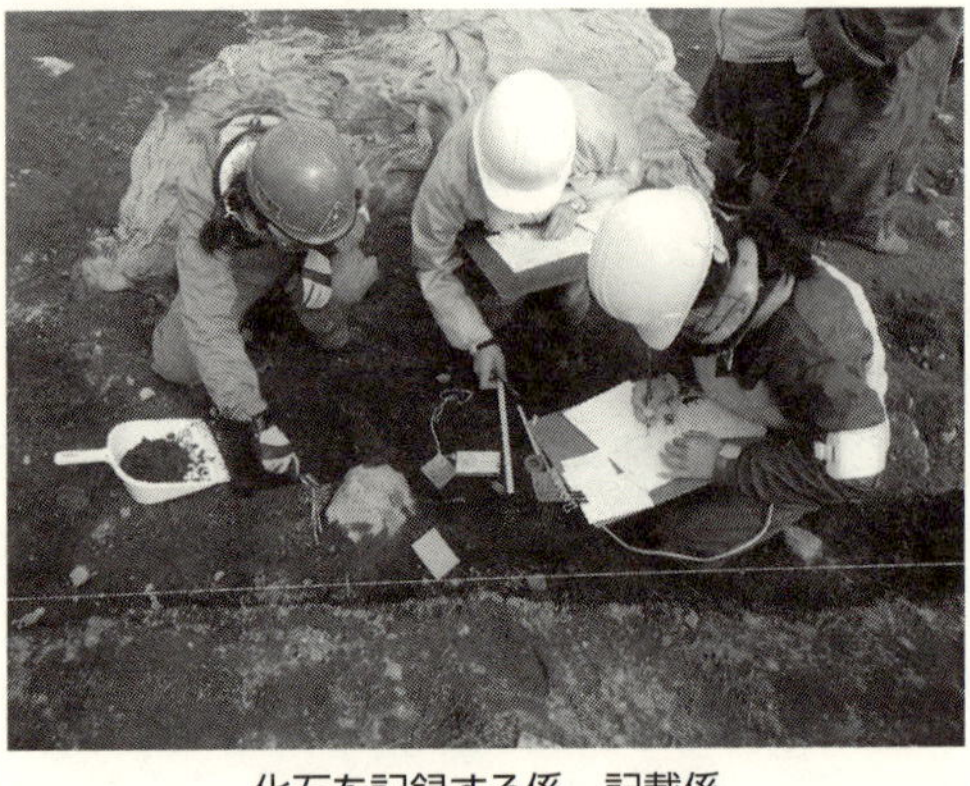

化石を記録する係　記載係

記載係は、発掘された化石や遺物が、地層のどこにどのようにあったのかを正確に記録する係です。地層の境界を観察し、化石・遺物について、地層境界からの位置、グリッドにおける水平的な位置（北から何㎝、東から何㎝）や深度、どんな形をしているかのスケッチなど、記録する内容はたくさんあります。発掘では、化石や遺物が出てこなければ、これほどさびしいことはありませんが、たくさんの発見があれば記載係にとっては大忙しとなります。班のみなさん全員の協力が、とても大切です。

（2）たよりになる専門班

発掘でたよりになるのは、七つの専門班のみなさんです。地質班は、試掘溝《しくつこう》でいまどんな地層を掘り進んでいるかをよく観察して、発掘の方針を立てる大黒柱です。また、グリッドにおける化石や遺物が、どのように地層に埋まっているのかなどを観察したり、出土位置を確認したりします。哺乳類《ほにゅうるい》班や植物班は、見つかった化石がどんな動物か、植物か、生物のからだのどの部分なのかを専門的に見ます。人類考古班は、ヒトの手が加わった可能性のあるものを詳しく観察します。凹《へこ》みが出てきたら、生痕《せいこん》班の出番です。その他に昆虫と貝類の専門班があります。何かを発見したり、わからないことがあったりしたら、自分で判断しないで、班長と専門班の人を呼び、一緒に考えてもらいます。「こ

専門班　哺乳類班の活躍
化石をとりあげる作業をしています

排水などの仕事を分担する外回り班

れ、なんだろう?」と感じた小さな疑問が大発見につながっていくのです。

(3)発掘をささえる裏方の仕事

午後4時30分には、その日の発掘作業が終わりますが、午後5時を過ぎても発掘現場で作業をしている人たちがいます。化石遺物カードに向き合っている記載係、試掘溝の壁の前で議論している地質班を中心とする専門班、発掘用具の点検をしている資材班、設営や排水の現場整備をしている外回り班です。

野尻湖ナウマンゾウ博物館の一角では、試資料整理班が遅くまで、持ち込まれた化石遺物とカードとの照合を行なっています。表には見えないたくさんの人たちの仕事で、発掘はささえられています。

(4)発掘のようすを伝える野尻湖新聞社

発掘の期間中には、「野尻湖新聞」が発行されます。新聞の内容は、その日の成果、楽しいエピソードや参加者の感想などです。発行のねらいは、多くの人が一緒に発掘をするとき、どうしてもばらばらになりがちな全体の情報をひとつにすることと、成果や問題点をみんなのものにして、結束して発掘できるようにすることです。あとからふりかえってみたとき、記録としてもたいへん有効です。多少の取材は日中にできますが、新聞づくりは毎晩夜遅くまでかかります。印刷された野尻湖新聞は、翌朝に地元係のみなさんによって宿舎ごとに分けられ、参加者に配られます。また、発掘の成果を地元にも伝えるため、信濃町野尻区のみなさんにも配布されます。

（5）発掘を元気にするコンパ係

楽しいコンパ

「野尻湖とともに」

1　**野尻湖とともに　歩きましょう　どこまでも**
野尻湖とともに　歩きましょう　いつも

くりかえし
うれしいときも　かなしいときも
歩きましょう　どこまでも
うれしいときも　かなしいときも
歩きましょう　いつも

2　**子どもらとともに　歩きましょう　どこまでも**
子どもらとともに　歩きましょう　いつも

3　**みんなとともに　歩きましょう　どこまでも**
みんなとともに　歩きましょう　いつも

発掘期間の、初日と最終日にはコンパ（こん親会）が行なわれ、ここではコンパ係が活躍します。コンパでは、大人顔負けの小学生の名司会のもと、参加者が自己紹介をしたり、これから参加する人への引継《ひきつ》ぎをしたりして参加者の心をつなぎます。成果をみんなで確認し、友の会や専門班、発掘班からの出し物もあったりして、楽しく大いに盛り上がります。最終日コンパの最後には、みんなで輪になって「野尻湖とともに」を大合唱し、次回の野尻湖での再会を約束しあいます。コンパが楽しいから発掘に参加する、という人も実はかなり多いようです。

3　友の会活動は発掘の第一歩

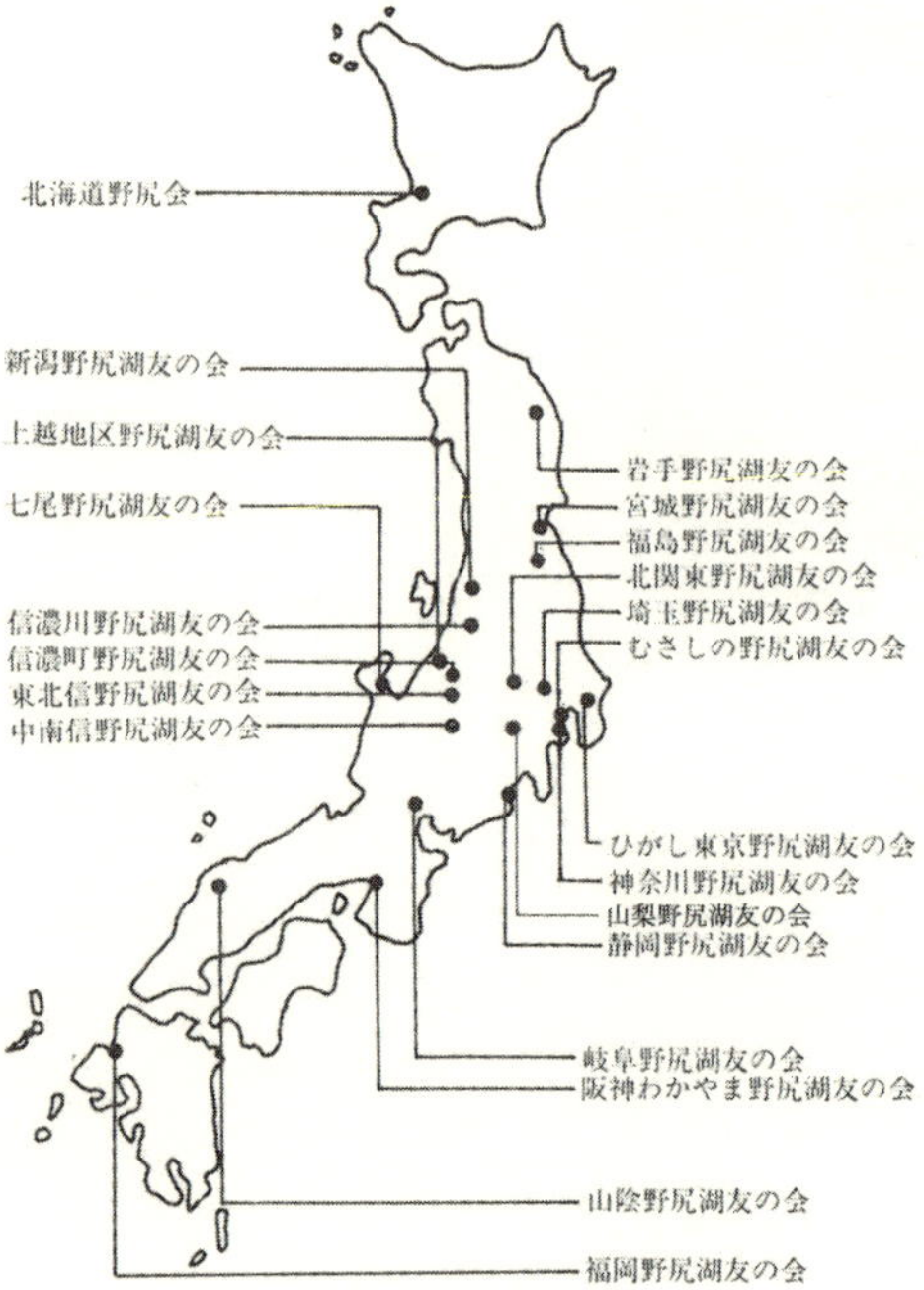

全国の野尻湖友の会

(1)　楽しい友の会行事

野尻湖発掘に参加するには、友の会会員であることが条件の一つです。友の会は、野尻湖発掘に参加しようとする人の集まりです。友の会は全国に22あります。それぞれの友の会ではどんな活動をしているのでしょう。

ひがし東京野尻湖友の会は、東京東部と千葉県で活動する、会員数が１００人を超す友の会です。

行事は年3回くらいあります。新年会では、室内で骨や化石などの学習会を行なったあと、恒例の「プレゼント交換会」があります。プレゼントを持ち寄り、くじ引きで当てる、というものです。このプレゼント交換会が楽しみで、参加する人もいます。日帰りで、地層や化石の観察会を行なったり、干潟の観察会を行なうこともありますが、年1回は宿泊しながらの学習会を行なっています。近年では、たかさとカイギュウランド見学会、秩父鉱物採集会、富士山学習会を行ないました。

ひがし東京野尻湖友の会の学習会

発掘の年には、関東にある友の会合同で結団式を行なっています。関東地区には、ひがし東京友の会のほかに、神奈川友の会、むさしの友の会、埼玉友の会、北関東友の会があります。行事への参加は会員だけでなく、会員の紹介で行事に参加している人もいます。また、それが友の会に入会するきっかけとなる人もいます。

(2) 友の会事務局

友の会行事は、中心になって進める人がいないと成りたちません。その役割を担っているのが友の会事務局です。たとえば、長野市や信

東北信野尻湖友の会の事務局会議

濃町などに住んでいる会員が入る東北信《とうほくしん》野尻湖友の会の事務局会議は1～2カ月に1回、火曜日の19時30分から信州大学教育学部の学生研究室で行なっています。

参加するのは、大学の学生と大学や高校の教員など一般の会員です。仕事を終えてから会議に出るので、遅く始める時もありますが、このスタイルで20年以上続けています。会議の主な話題は、行事の企画や機関紙の内容についてなどです。友の会行事は、年4～5回のペースで計画し、春には総会を開いて前の年の反省と新年度の事務局員の確認を行なっています。

事務局をささえる学生は、まず2年生の時に一緒に活動しながら友の会活動の流れをつかみ、3年生になると今度は自ら行事の企画・運営の中心になって活動します。4年生は卒業研究に入りますので、基本的に2年サイクルで入れ替わっていきます。そのため、学生どうしの引継ぎをしっかりとやっていかないといけませんが、その活動をささえる大学教員など一般会員の助言や励ましも、事務局活動の大きな原動力になっています。

（3）友の会活動をささえる学生の力

学習会の前には、資料づくりや受付の準備、また必要な資材の購入もしなくてはなりません。学習会で何をどういう順番で進めていくかということも、考えなくてはなりません。学生の力で難しい場面は、一般会員が担当することもあります。でも、学習会当日に班長を務め、班ごとに分かれて観察やものづくりを進めるのは学生の事務局員です。この経験が、発掘の時に力を発揮する事前練習になっています。

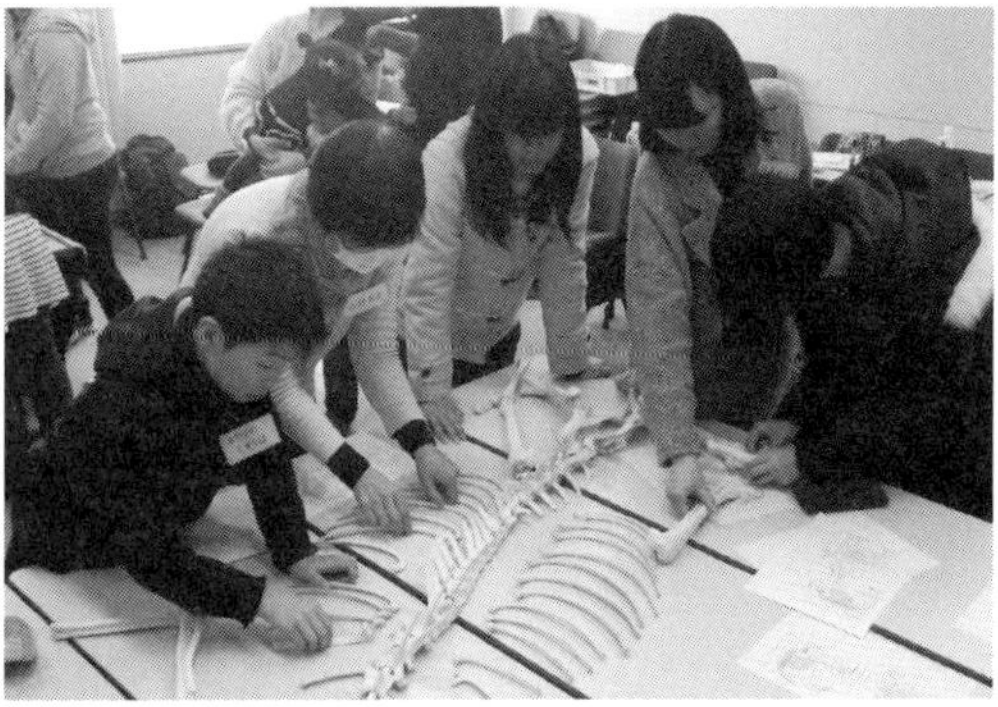
東北信野尻湖友の会の学習会

「実際に行事で説明担当になったり、班長を務めたりすると、自分の未熟さゆえに伝えたいことが十分に伝えられないもどかしさや、どういう言い方ややり方をしたら子どもたちにわかってもらえるかということを考えさせられ、すごく勉強になった」

「伝えるための事前準備の大切さ、上手なプレゼンの手法も学ぶことができた」

教育学部生として、教育実習でも子どもたちと向き合うわけですが、学生時代の野尻湖発掘や友の会活動の体験は、多くの会員と触れ合う中で学ぶことが多く、体験から学んだ責任感や実行力なども、自分の将来をささえる貴重な糧となっているようです。

（4）広がる友の会活動

友の会への入会のきっかけはいろいろです。博物館見学や調査団行事に参加したことがきっかけの人、友人に誘われて友の会行事に参加したことがきっかけの人、定年退職をきっかけに入会した人もいます。

友の会会員には、長く発掘に参加しているベテラン会員もいれば、小中学生などの初心者もいます。ですから、友の会活動は発掘のためだけではなく、ときには人生を学ぶ場ともなります。「学ぶことは楽しいことだね」、を共有する会員が確実に増えている、と実感することも多くあります。

4　氷河時代たんけん隊

（1）発掘をより深く知るために

過去の自然環境を理解するためには、現在の自然環境を知ることが大切です。そこで、調査団では野尻湖ナウマンゾウ博物館といっしょに、「氷河時代」「野尻湖」などのキーワードで、野尻湖やその

氷河時代たんけん隊での地層の観察

周辺の地層や自然を観察する学習会を行なっています。「氷河時代たんけん隊」とよんでいるこの学習会は、8月の夏休みの期間を利用して、2日間の日程で行ない、広く会員外にも呼びかけて、毎年多くの方が参加しています。氷河時代に思いをはせながら探検し、氷河時代の野尻湖について、大人から子どもまで一緒になって学びます。

(2) 楽しいオリエンテーリング

2016年の氷河時代たんけん隊のようすを見てみましょう。

夏の暑い日差しの中、野尻湖ナウマンゾウ博物館に各地から参加者が集まってきます。それぞれ受付をすませて、いよいよ始まります。開会式のあと、班ごとに自己紹介をすませると、探険に出発です。1日目はオリエンテーリング形式で、野尻湖とその周辺を歩いて探検です。途中いくつかのチェックポイントがあり、それぞれのポイントで野尻湖の歴史や自

開会式

ハンドオーガーによる火山灰の採取

然にまつわる課題に挑戦したり、解説を聞いたりします。

最初のポイントは野尻湖発掘地です。湖の水位は満水に近く、どこで発掘をしているのだろうかと疑問に思わずにはいられません。水の底に沈んでいる発掘地を見ながら、発掘のようすや氷河時代の野尻湖のようすをみんなで考えてみます。

次のポイントは、国道18号線沿いにあるナウマンゾウの親子像。親子像を間近に見ながら、ナウマンゾウの特徴について学びます。この場所から南西側に目を向けると、黒姫山がそびえ、そのふもとに水田が広がります。今から4万年前には、水田の周辺まで湖が広がっていて、そのまわりにナウマンゾウが歩きまわっていたことを想像してもらいます。

次のポイントでは、少し力が必要です。何をするのかというと、3万年前の火山灰の地層を地下から探します。足元深くにねむっている火山灰を、ハンドオーガーと呼ばれる筒状の道具を使って探すのです。この道具を地面に押し込んで少しひねってから引き抜くと地層を採取することができます。まず1回目、地表から30㎝ほどの深さまで筒を押し込みます。果たして筒の中に火山灰はあるでしょうか、筒を引き抜いて確認します。黒っぽい土が取れましたが、どうやらお目当ての火山灰はまだ見つからなかったようです。再び同じ穴に筒を押し込みます。今度はさっきの倍の深さまで押しこんだ後、引き抜きます。先ほどと同じ黒い土がまだ続いています。この作業を繰り返し、深さが2mを過ぎた時に、今までとは違う明るい茶色の土が出てきました。この土をよく見ると真っ白な火山灰層がはさまれていて、その中にきらきら光る火山ガラスの破片が見えます。およそ3万年前に九州で噴火して、ここまで飛んできた火山灰です。自分で掘ってみることで、地層が積み重なった時間を実感することができます。

野尻湖にすむ珪藻を観察

最後は博物館に戻ってきて、昆虫化石探しに挑戦です。かつて、野尻湖のまわりには湿地が広がっていました。その時の地層の中には、植物や昆虫、珪藻《けいそう》の化石が残されています。およそ6万年前の地層のかたまりを割っていくと、湿地に生えるミツガシワの種や、ネクイハムシなどの昆虫化石が見つかります。氷河時代に生きていた生き物たちです。

（3） 氷河時代を想像して……

2日目はバスに乗って、野尻湖から少し離れた場所へ移動します。まずは黒姫山麓《さんろく》スキー場の脇にある崖《がけ》です。ここでは黒姫山や妙高山が噴火して陸上にたまった、火山灰でできたしま模様の地層が観察できます。まずは地層を遠くから眺めたり、けずったりして、その特徴を観察します。全体を観察した後は、火山灰を少しずつとって、その場で洗い、中に入っている鉱物を観察します。鉱物は一つひとつが小さくて、肉眼ではわかりにくいのですが、顕微鏡やルーペを使って見るとさまざまな形や色の粒が含まれていて、きれいな世界が広がります。

氷河時代を思わせる湿原の散策
ミツガシワの群生地

地層をじっくり観察した後は、湿原に移動します。ここでは前日の化石探しで見つけたミツガシワが、現在も生えているようすなどを観察することができました。大昔に、このような場所にナウマンゾウやオオツノジカがいたことを想像しながら、湿原を進みます。現在の湿原のようすを知ることで、化石だけではわからない過去の野尻湖のようすについて想像することができます。2日間を通して現在の野尻湖やその周りの自然について観察し、発掘の成果と比較して学ぶことで、氷河時代や野尻湖についてより理解を深めていくことができます。氷河時代についてもっと知りたい、野尻湖発掘に興味をもったという方は、ぜひこのたんけん隊に参加してみてはいかがでしょう。遠い世界だと思っていることが、意外と身近に感じられることでしょう。

氷河時代たんけん隊に参加したみなさんの感想です。

・おもいもよらなかったみどり色の羽の虫の化石をみつけられてうれしかったです。（小学校3年生）

・九州など、とても遠い所から火山灰がとんでくるとしって、とてもびっくりしました。地そうがしましまで、おどろきました。さ来年もはっくつちょうさにいきたいと思います。（小学校5年生）

・「ウェーブリップル」が分かっておもしろかったです。今回、自由研究で参考になったことがいくつもあって、今後に生かせそうなのでがんばりたいです。2日間、とっても楽しかったです。また、再来年の発掘に行ってみたいと思いました。（小学校6年生）

・何10年も発掘調査に参加されている方から、大学生、高校生までが参加し、研究が続けられていることはすごいと思いました。分からなかったことが研究、発掘により解明されることはとても面白いと思います。2日間お世話になりました。ありがとうございました。（一般）

・地層を間近で見られて、実際にさわることができた。普段あまり体験できない化石さがしはすごくやりがいがあった。（高校生）

・茶話会はいい企画だと思った。地質に詳しい人や遠くから来た人の話などが面白かったりためになったりで楽しい企画だった。（高校生）

・班の中では、子どもの楽しみながら地層や化石を探す姿を見ることができて良かったと思っています。自分で説明する機会は少なかったのですが、もっと知識をつけていけるようにしたいと思います。（大学生）

5　事務局は縁の下の力持ち

（1）発掘は2年に一度

野尻湖発掘調査団は、全国にある野尻湖友の会と専門グループで構成されています。専門グループは細かな専門分野に分かれて研究を推進するグループで、発掘の時には専門班として活躍します。年に2回、友の会や専門グループの代表者が集まって運営委員会が行なわれ、発掘の成果や目標が検討され、次の発掘の方針が決められます。現在は2年に一度発掘が行なわれていますが、発掘で出土した多くの化石や遺物について、次の発掘までに研究が行なわれます。研究成果は、専門グループ発表

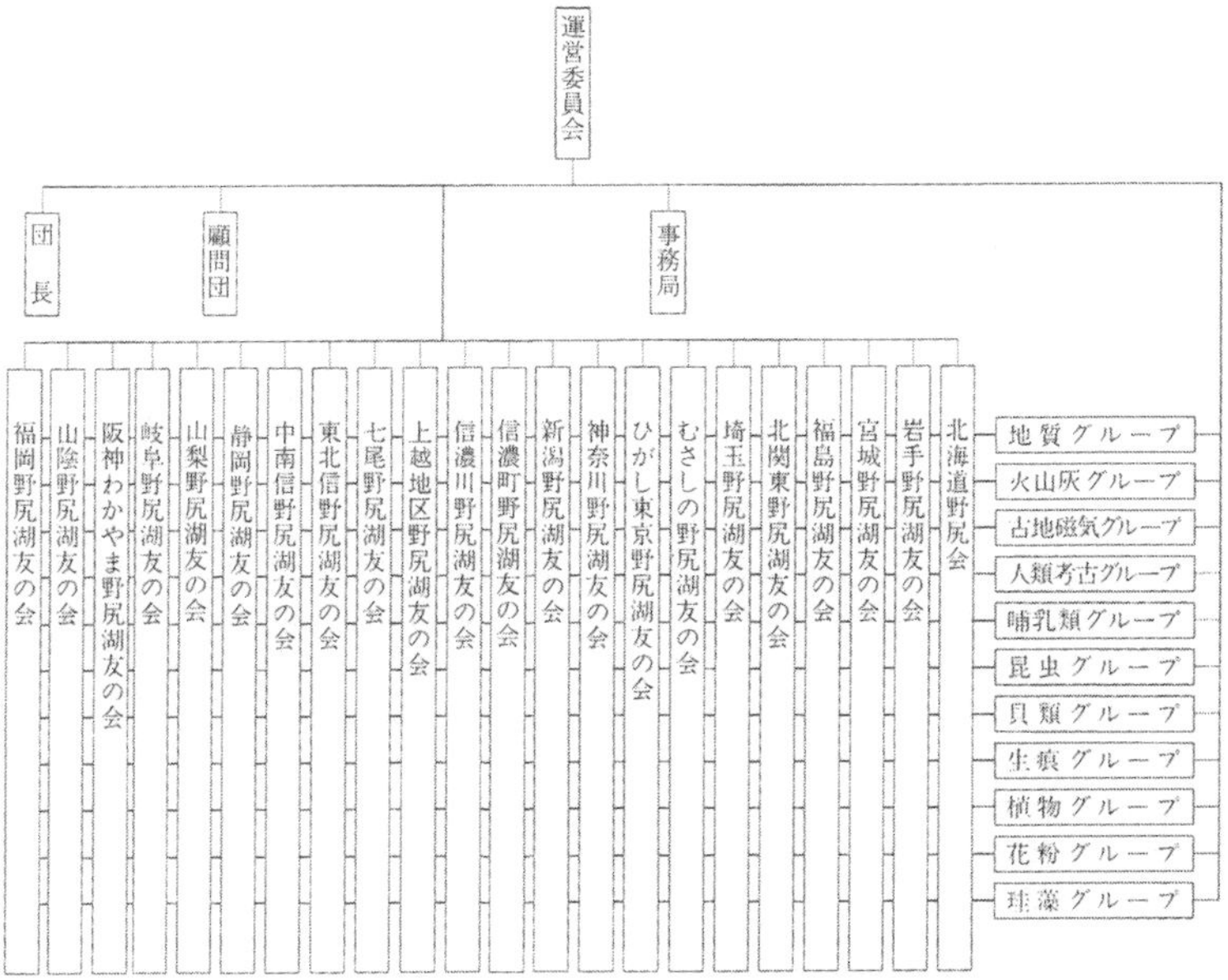

調査団の組織図

会で討論し、報告書にまとめられます。

(2) 運営委員会・事務局

運営委員会では、発掘の方針とまとめを行ないます。これらの原案を提案するのが事務局の仕事です。

事務局には、若い大学生も参加し、ベテランの研究者とともに発掘の方針やまとめを検討します。大学生は、経験が少ないのでわからないことばかりですが、事務局会議では、なにごとも実践してみて判断することが重んじられています。いいアイデアは若い人の感性から生まれますので、それを大切にするという考えがあるからです。間違ってもいいから今までにない企画を取り入れていく。もちろん徹底的に議論してそれを発掘という実践で試してみて、みんなで検証します。

運営委員会にはさまざまなメンバーが参加して、それぞれの立場で議論します。学生であろうがベテランであろうが、対等の立場で議論し決定します。野尻湖発掘が50年も前からこのように運営されてきたことは、野尻湖発掘の大きな特徴のひとつです。

また、野尻湖発掘では、当初から「先生」と呼ばないルールがあります。それは、大学教員と学生という上下関係が発掘の場でも意識されれば、対等の立場での議論の妨げになるからです。ノーベル物理学賞をもらった益川敏英さんも自分が学んだ大学の研究室では、「先生」と呼ぶと返事をしてもらえなかった、と言っています。分野は違っても、研究するものの立場は対等だ、という気持ちを示していると思います。

（3）事務局が野尻湖ナウマンゾウ博物館に

2001年から事務局の連絡先が、信州大学理学部から野尻湖ナウマンゾウ博物館に移転しました。これは博物館の役割が大きくなり、地元との関係をより密接にするためと、博物館の近くにいる会員の役割がより大切になってきたことによります。

月に2回、長野市や上越市、遠くは松本市や佐久市などから事務局員があつまります。インターネット中心の時代になってきましたが、顔をつきあわせて議論することが大切だと考えています。大きな問題の解決は、メールや電話などでは討論が不十分になることがあり、事務局員は時間と労力をおします、会議に参加しています。

事務局がしっかりして、リーダー性を発揮してこそ成果の上がる発掘ができます。絶え間のない学ぶ姿勢の大切さを、みんなが感じています。

6　発掘は楽しい

(1) 発掘の魅力

発掘に参加した人たちに「なぜ発掘に参加するの?」と聞くと、きまって返ってくることばは、「おもしろい」、「楽しい」です。けれど、何がおもしろくて楽しいのでしょうか。具体的にはどういうことなのでしょうか。

発掘作業は、移植ごてを持ってグリッドに入り、紙を一枚一枚はぐように地層を削っていく、気の遠くなるような作業です。けれど、その過程がとてもわくわくするのです。「一枚はいだ、何も出てこない」、「もう一枚はいだ、でも何も出てこない」、……、が延々と続き、次の一枚をはいだその瞬間、化石や遺物がちょっとだけ顔を出すのです。その地層一枚一枚をはぐ時の緊張感、ワクワク感、ドキドキ感がたまらないのです。「発掘をやっていると、とにかく元気になる」とか「無心になって地層を掘るのが好き」というのが、多くの参加者の声です。本物の地層を見て、さわって、観察しながら移植ゴテで掘っていくという、実際の作業が魅力の一つではないでしょうか。学校や日常生活ではなかなかできないことが、野尻湖発掘では体験できるのです。

(2) 本物にふれる喜び

「なにしろ何万年という前の、もしかしたらナウマンゾウがここで立ち止まったかも知れない場所の土を手にしているからです」と、感想を述べた参加者がいました。「野尻湖人」がここでナウマンゾウやヤベオオツノジカと共存し、狩りをしていた6万〜3・8万年前のことを明らかにできるかもしれない、という夢と太古へのロマン。化石や遺物を掘りだした瞬間の感動は、なにものにもかえ難いものがあります。知りたい・知ろうという心と行動、疑問をもち続ける心、これら科学する精神が野尻湖発掘にあるのではないでしょうか。

年齢に関係なく、自然に対して目を輝かせつづけられる人は幸せ者だといえましょう。幸せ者の集まりが野尻湖発掘参加者といえるかもしれません。

(3) 科学する市民

野尻湖発掘は、発掘するだけではありません。発掘を進めながら、地層についての基本的な知識や化石のもつ意味についてみんなで学びあいます。発掘の成果は報告書にまとめられ、化石や遺物は野尻湖ナウマンゾウ博物館に収蔵され、誰でもいつでも見ることができます。

発掘は楽しい

「ただ掘るだけでなく、掘り方とか調査の仕方など、実践しながら勉強していくということが感激でした」と、感想を述べた参加者がいました。まさに、「発掘しながら学び、学びながら発掘する」といえるでしょう。発掘参加のきっかけはさまざまですが、発掘のおもしろさを学び、真理を知りたいと願う市民が数多く育ってきたのです。会社勤めをしつつ、やりくりをしながら発掘に参加する人もたくさんいます。

発掘が終わったあとも、専門グループの学習会に参加して専門家に育っていく若者、友の会活動の中心的役割を担う人もいます。

(4) まだまだ楽しい発掘

第1次発掘からずっと参加しているKさんは、大学の地質学科を卒業して、中学校・高校の理科教師を長く勤めてきました。第

1次発掘から常に教え子を連れて参加し、今では野尻湖の顔ともいえる人です。教え子を連れて発掘に参加することは、自然科学教育は、本物の体験を通して学ぶことが大切だ、という考えが根底にあるからだと思います。Kさんが野尻湖へ行くとき、「すごくうれしそうな顔するわね」といつも妻のYさんに言われるそうですが、発掘は、理屈抜きに楽しいのです。自然を学ぶことの楽しさを知る人だからこそ、発掘体験を通して科学する楽しさを子どもたちに伝えることができるのではないでしょうか。野尻湖では、先生に連れられて参加した子どもたちが大きくなって、さらに子どもたちを連れて参加するという体験学習の連鎖が続いています。

コラム　先発隊で活躍した高校生

第21次発掘では、長野市の高校生のグループが先発隊として活躍しました。高校生たちは先発隊から発掘に参加することで、これから始まる発掘がさまざまな準備・打ち合わせ・計画のもとに成り立っていることの一端を感じ、自分たちが発掘をささえている一人であるという自覚を強くしたようです。

以下は参加した高校生の声です。

○野尻湖発掘に来たきっかけは？○

「親のお腹の中にいたときから」「親に連れられて」「塾の先生のすすめ」「学校の先生のすすめ」「気づいたら」

○継続して野尻湖発掘に参加している理由は？○

「やめようという気が起きない」「コンパが楽しいから」「いろんな人たちとふれ合えるのが楽しいから」「地層を見たり、発掘するのが楽しいから」「野尻湖に行かないと学費を払わない、と親に言われたから」

○班長や記載係をやってみてどうだった？○

「氷河時代たんけん隊のオリエンテーリングで班長をつとめた時、各ポイント担当の人の説明に熱がこもりすぎて、予定の時間通りにいかなくてあせった」「自分より大人や、知識のある人をまとめるのは恐れ多くて緊張した。めちゃめちゃ辛かった」「自分より大人の人をまとめたりするのは初めてだったけど、打ち合わせがあったからあまり緊張しなかった」「最初、地層の見方が全然わからなかったけど、地質班の人達が丁寧に教えてくれたので、だんだん見方がわかるようになった」

中学生や高校生になると、学校が忙しくてなかなか野尻湖に行けない、という人たちも多いなかで、発掘や地質調査に参加している高校生達がいます。何回か参加して経験を積んでくると、高校生たちにも班長や記載係など責任のある役割も任されるようになっていきます。経験豊富な高校生が、初参加の大人に手ほどきをしている光景は、野尻湖発掘ならではのものです。そんな高校生達は、野尻湖発掘を通して学校や家庭ではできない体験をし、ものすごい吸収力でめきめきと成長していきます。参加し続けることに意味あり！　がんばれ高校生！

第3章
50年の野尻湖発掘

中学生とナウマンゾウの大腿骨（第1次発掘）

1　「まず実践」ではじまった野尻湖発掘

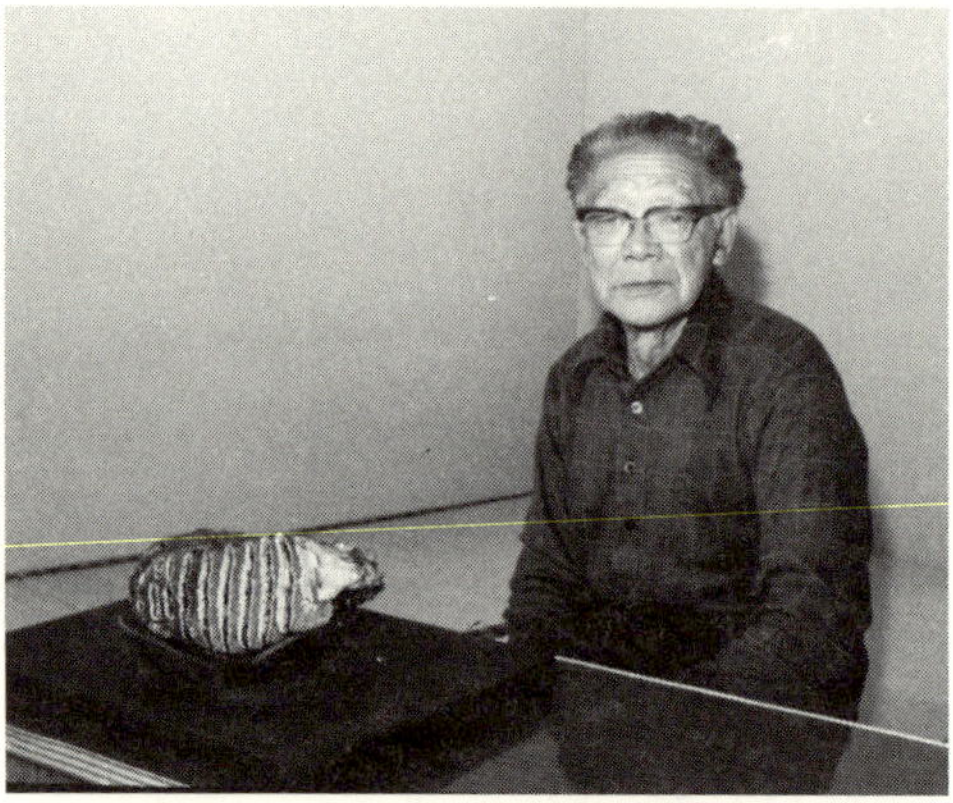
湯たんぽの化石と加藤松之助さん

（1）「湯たんぽ」の化石

湖畔で旅館を営んでいた小松屋のご主人・加藤松之助さんは、戦後の経済的な混乱のなかで、旅館の経営をどうやりくりしたらよいか頭を悩ませていましたが、そんな気持ちを忘れるため、ときどき静かな湖畔へ散歩にでかけることがありました。

１９４８（昭和23）年10月のある朝、湖底で半分くらい砂にうずもれた、「湯たんぽ」みたいな重たい石のような物を見つけました。当時の野尻湖小学校の日野武彦校長にみてもらったところ「ゾウの歯かもしれない」ということになり、この化石を小学校に保管してもらうことになりました。

ちょうどそのころ、野尻湖のまわりの地質調査をしていた当時長野高校の冨沢恒雄さんがこの発見を知り、京都大学の槇山次郎教授に鑑定をお願いしました。その結果この化石は、ナウマンゾウの上顎《うわあご》の第三大臼歯《きゅうし》であることがわかったのです。

（2）臼歯はどこから？

「湯たんぽの化石」発見から13年後の、1961（昭和36）年の8月、湖畔のにぎわいをよそに、リュックを背負い、手にはハンマーやスコップを持った7～8人の若者たちが、何やら真剣に話をしていました。この日、豊野層団体研究グループのメンバーが、ナウマンゾウの臼歯はどの地層から発見されたかを、議論していたのです。

1950年代の中頃から、「郷土の生いたちを知ろう」、「人類の時代といわれる第四紀の研究の扉をひらこう」という、学界の動きがありました。研究者、小・中・高校の先生、学生などが一体になり、現地での共同調査と徹底した討論を行なう、「団体研究」の方式で研究がすすめられてきました。なかでも、関東ローム研究会は、それまで研究の対象でなかったローム層を相手に数々の成果をあげていましたが、この研究会の方法と成果に学んで、全国のさまざまな地域に団体研究グループが生まれていました。豊野層団体研究グループも、小・中・高校の先生を中心に1957（昭和32）年に結成され、長野県北部の第四紀（地球の歴史の中で一番新しい人類の時代）の研究をすすめていました。

当時の学説では、日本の各地で発見されていた数多くのナウマンゾウは、今から約70万年前から15

万年前の地層（長野周辺では、豊野層の時代）から産出したものと、考えられていました。

「きっと、湖底には豊野層が露出していて、そこから洗い出されたものでしょう」

「豊野層じゃなくて、全然別の地層がでている可能性もあるのじゃないかな。ひょっとすると、ナウマンゾウは、湖でおぼれ死んだかもしれないんだ」

議論はまったくまとまりそうにもありませんでした。

(3) まず実践！ 掘ってみよう！

「理屈ばかりいっていないで、まず実践！ 掘ってみたらどうだろう」という提案が、調査に参加していた古生物学者の井尻正二さんから出されました。この突然の提案に、みな一瞬きょとんとしてしまいました。目の前には、水を満々とたたえる湖があるのですから。しかし、「なぎさに近い湖畔を掘ればいいのだ」と聞いて、やっとその提案の意味を理解しました。

「そうだ、まず掘ってみよう！ 掘ってみなければ、ほんとうのことはわからないんだ」

豊野層団体研究グループは、信州ローム研究会と協力して発掘計画をすすめました。そのころすでに、信州ローム研究会では、信州の第四紀層の研究をすすめ、和田峠に近い男女倉《おめぐら》遺跡で旧石器を発掘したり、岩手県の花泉《はないずみ》では関東ローム研究会と共同して、哺乳動物の化石を発掘するなどの実績と経験をもっていました。また、新潟県立新井高校、高田平野団体研究グループや地元信濃町にも協力をもとめました。

2　書き換えられる復元図　第1次〜第5次発掘

発掘が始まる前の復元図（井尻・金子、1961年）
ナウマンゾウは南方系と考えられていました

(1) 野尻湖層から化石発見

第1次発掘は、1962（昭和37）年3月末に行なわれました。湖水を使って発電をするため、冬の間は湖面が数m下がります。そのため発掘は広く現れていた湖底で行なわれることになりました。

この頃、ナウマンゾウは第四紀更新世初めに生息していたナルバダゾウの子孫で、南方系で背の高さ約3・7m、頭の骨がベレー帽をかぶったようにもり上がり、キバがすらりと長いゾウと考えられていました。本当に化石は出てくるのでしょうか。期待と不安の中で始まった発掘でしたが、最初化石は破片しか出てきませんでした。発掘最終日、発掘も終わりかと思うころ、新潟県の高田（現在は上越市）城北

第１次発掘後の復元図（井尻・金子、1962年）
北方系と考えられていたヤベオオツノジカがナウマンゾウと共存していたことが明らかになりました

中学校の生徒たちが、ほぼ完全に近いナウマンゾウの大腿骨《だいたいこつ》（ふとももの骨）の化石を発見しました。なんとかして自分たちの手で化石を掘り当てようと、あきらめないでがんばった成果です。この発見で、野尻湖の地層から確かにナウマンゾウの化石が産出すること、また化石の密集地の見当もついてきました。

ナウマンゾウの化石にまじって、ヤベオオツノジカの肩甲骨《けんこうこつ》や臼歯の化石も発見されました。ヤベオオツノジカはマンモスとともに氷河時代を代表する北方系の動物であると、当時は考えられていました。熱帯にすむというゾウと、北方にすむシカが一緒に出土したのです。同じ時代に同じ場所にいるのは無理があることから、両者の中間的な温帯林の環境が推定されました。

化石が含まれていた地層は、それまで考えられていた豊野層ではなく、それより新しい地層であることがわかりました。この地層は、野尻湖層と命名されました。野尻湖層が堆積した時代は、12万年前から６万年前と当時は考えられていて、そのころの気候は、現在とほぼ同じか、やや暖かいと推定されました。野尻湖層からは化石のほかに火山灰層も見つかり、現在は活動を停止している黒姫山が、ナウマンゾウやヤベオオツノジカがいた頃はさかんに噴火していたこともわかりました。

（2）氷河時代の証拠　第2次発掘（1963〈昭和38〉年）

第1次発掘の時に野尻湖層から採集した砂の中から花粉化石を取り出し、第2次発掘前にその結果が報告されました。トウヒ属やツガ属を中心としてモミ属、カラマツ属、スギ属、クルミ属、ハンノキ属、シラカバ属、ブナ属などをともなう、現在よりも寒い気候を示す植物の花粉であることがわかりました。当時の野尻湖の気候が、現在の北海道か、それよりも北の地方と同じような気候であったことを物語っています。

また、年代を知るために地層中の2カ所（深さ40㎝と61㎝）で採集した木片の化石を放射性炭素年代測定法で調べた結果、2万年ほど前という結果で、これと花粉を調べた結果から、ナウマンゾウやヤベオオツノジカなどが生きていた時代は、ウルム氷期と呼ばれるたいへん寒かった時代であるということを明らかにすることができました。この発掘では、ナウマンゾウやヤベオオツノジカの化石約70点の発見がありました。

第2次発掘後の復元図（井尻・金子、1963年）
花粉化石と放射年代から氷期の野尻湖が復元されました

第3次発掘後の復元図（井尻・金子、1964年）
石器の発見で「野尻湖人」の存在が浮かび上がってきました

（3）「野尻湖人」がいた　第3次発掘（1964〈昭和39〉年）

第3次発掘では二つの大きな発見がありました。

第1は、旧石器時代の石器（剥片《はくへん》）が2個発見されたことです。野尻湖周辺は氷河時代の化石産地ということだけでなく、石器を使う人類「野尻湖人」がいたかもしれない証拠がはじめて私たちの前に現れたのです。

第2は、初日から発掘地のほぼ中央部で姿をあらわしたナウマンゾウの化石群です。1頭分のゾウを解体して、その場所にバラバラの骨を放置したかのように、長さ1mの大腿骨（太ももの骨）、50cmの脛骨《けいこつ》（後ろ足の骨）を中心に、十数本の肋骨《ろっこつ》、下顎骨《かがくこつ》（下あごの骨）や曲がったキバなどが一面に散らばって出土しました。ナウマンゾウは、肩高約2・5mとアジアゾウくらいの大きさで、曲がったキバをもった姿に復元されました。

（4）キルサイトの可能性　第4次発掘（1965〈昭和40〉年）

成果の魅力もあって、参加者は第1次発掘が約70人、第2次が約150人、第3次が約200人と

第4次発掘後の復元図（井尻・金子、1965年）
野尻湖がキルサイトであった可能性が描かれています

次第に増え、第４次発掘では約４００人になりました。参加者は、「野尻湖人」の確実な証拠の発見を夢見ていましたが、残念ながら完全な石器や、石器で傷ついたり、石器のつきささった骨などは発見できませんでした。この発掘では、ナウマンゾウの第１、２頸椎《けいつい》、頭頂骨、十数本の肋骨群など、ナウマンゾウやヤベオオツノジカなど大型哺乳類化石が１５５点見つかったほか、８・５ｍのとても長い木の化石も見つかりました。発掘の最終日に、４回の発掘で発見された多くの化石や資試料・遺物の、整理や記録・研究のまとめのため、しばらく発掘を休止することを決めました。この休止期間に、絵本『野尻湖のぞう』（福音館書店）や『マンモスをたずねて』（筑摩書房）が発行され、この本に書かれた文章が教科書に掲載されるなど、全国に野尻湖発掘のことが紹介されていきました。

（５）再開された発掘　第５次発掘（１９７３〈昭和48〉年）

8年間の休止期間をへて、１９７３年に第５次発掘が行なわれ、発掘が再開されました。ナウマンゾウやヤベオオツノジカを氷でおおわれた野尻湖へ追いだし、狩りする狩人の図（上図）。これ

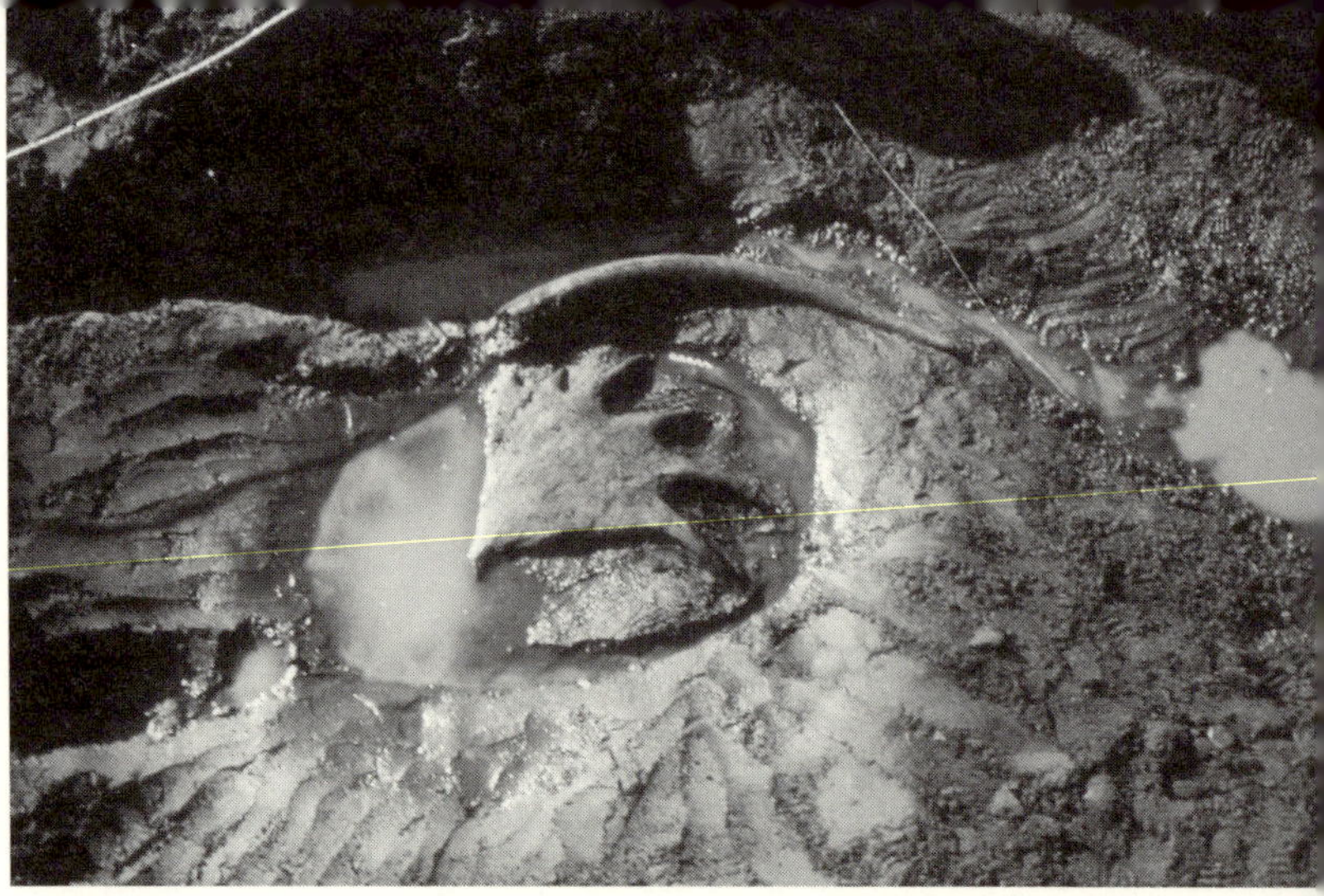

「月と星」の出土状況（第5次発掘）

を明らかにするという共通の夢を、今こそ正夢にすべきだ！　この夢にひかれて、第5次発掘は、約1100人が参加する、大規模な発掘になりました。

発掘の3日目、ほぼ完全なナウマンゾウのキバとヤベオオツノジカの掌状角《しょうじょうかく》とが、わずか8㎝の距離をおいて発見されました。化石の組合せと配列の見事さとともに、みんなの目をひきつけたのは、掌状角の割れ口が、物差しをあてたように一直線になっていることでした。「野尻湖人」が配置したものだとはいいきれませんが、人の手を感じさせる化石です。だれ言うとなくこの化石は、キバを月に、掌状角を星にみたてて、「月と星」と呼ばれるようになりました。

4日目の午前中には、ナウマンゾウの骨でつくられた骨器（基部加工剥片《きぶかこうはくへん》）が発見されました。そして、その日の午後、ついに石器（微細剥離痕《はくりこん》のある剥片）が発見されました。

石器（微細剝離痕のある剝片）

「月と星」、「骨器」、「石器」は、同じ地層から発見されました。「野尻湖人」はナウマンゾウやヤベオオツノジカと一緒の時代に生きていた、「野尻湖人」はナウマンゾウやヤベオオツノジカなどを狩りしていたという夢が目の前にせまる発掘になりました。

野尻湖発掘調査団と信濃町の方々との結びつきが一層強まり、「地元に博物館をつくろう」との声が上がってきたのも、このころからです。

3　ぞくぞくと新しい発見　第6次〜第14次発掘

（1）偶然の発見

２０１２（平成24）年の、秋も深まった野尻湖畔を歩いている人たちがいます。石器の材料になる石材の調査で、夕方になってもう帰ろうとしていたときのことです。「あっ、ゾウだ！」という声が

ナウマンゾウ臼歯の偶然の発見

あがりました。そこには新しい時代の地層しかないと考えられていましたし、疲れていたこともあって誰も反応しません。Wさんの「ほんとうだ！」という声で、ようやくみんなが反応しました。ナウマンゾウの臼歯《きゅうし》が、発掘地から南に離れた湖畔で偶然に発見されたのです。翌年の3月に行なわれた発掘で、約4・3万年前の化石だということもわかりました。

野尻湖発掘では、偶然の発見によって夢がひろがり、それによって発掘の目標も大きく変わってきました。ヤベオオツノジカの発見、石器の発見、ヘラジカの発見などです。「偶然の発見があって夢がひろがる、あらたな予測で発掘」。これからも、思いがけない発見があることでしょう。

第6次発掘（1975〈昭和50〉年）以降の発掘でも、わくわくするような、たくさんの新しい発見がありました。

(2) キルサイトの状況証拠

第5次発掘で石器や骨器が発見されてから、野尻湖発掘の焦点

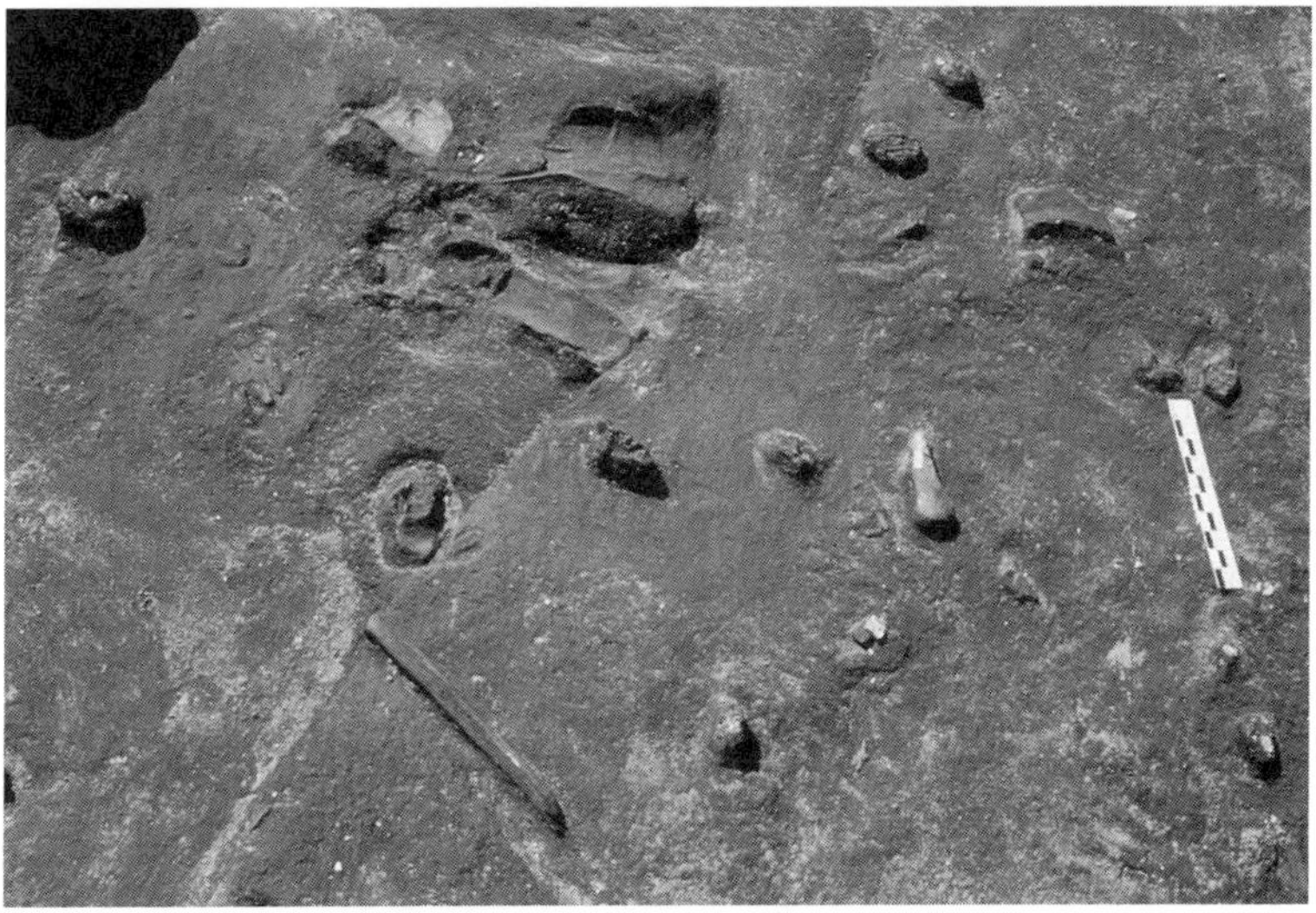

キルサイトの状況証拠と考えられた頭骨周辺の出土状況（第８次発掘）

が化石の発掘から「野尻湖人」の問題へと移っていきます。そして「野尻湖人」の生活とそれを取りまく氷河時代の古環境の復元も、主要なテーマになってきました。

化石や遺物は野尻湖層にふくまれています。野尻湖層は水の中に堆積した地層ですから、その広がりや、まわりの地形や環境はどうであったかが、問題になってきました。というのは、野尻湖層のなかにも、一時的に干あがったり、水深が浅かったりした時期があり、そこには「野尻湖人」の痕跡が残されている可能性があるからです。その痕跡は、陸上の生活面に連続していると考えられます。どこをどのように掘れば、化石や遺物を、さらには、「野尻湖人」が生活したあとや骨をみつけることができるか、見通しをもった発掘が必要になってきました。発掘の予測をたてるために地質調査が行なわれ、地層の分布を示す詳しい地質図と、過去の時代の湖の範囲を示す古地理図もつくられました。

骨製クリーヴァー（ナタ状骨器）の出土状況（第10次発掘）

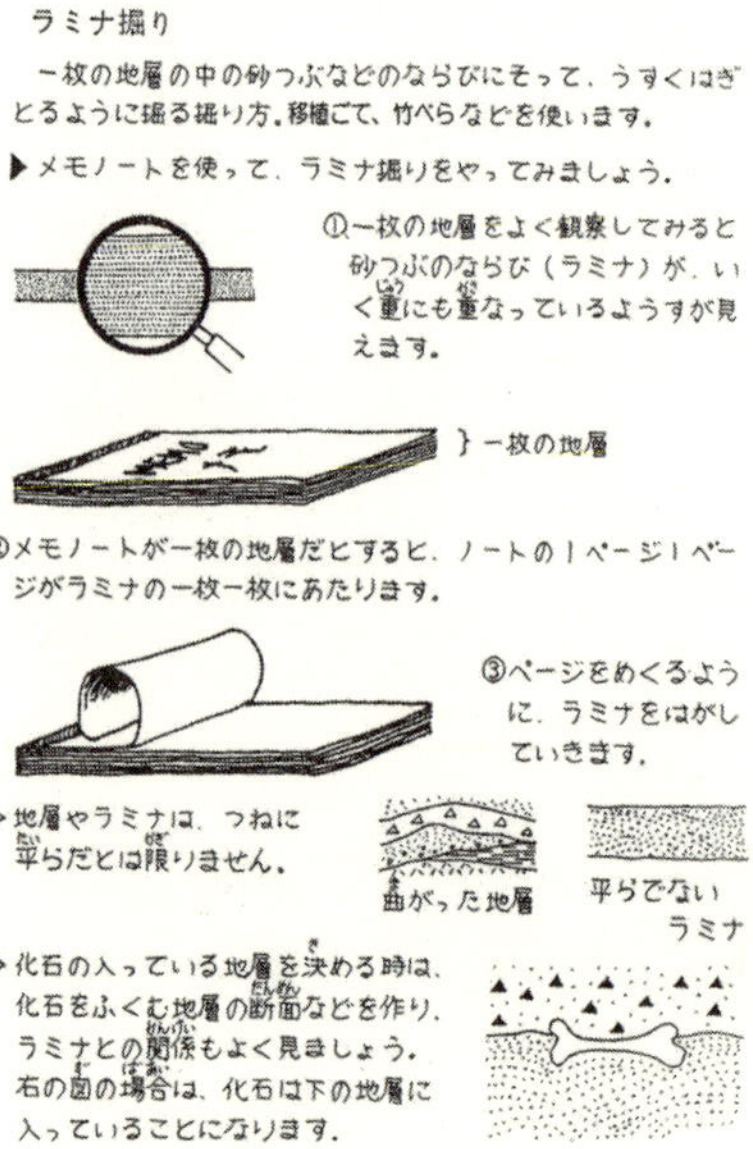
ラミナ掘り
一枚の地層の中の砂つぶなどのならびにそって、うすくはぎとるように掘る掘り方。移植ごて、竹べらなどを使います。
▶メモノートを使って、ラミナ掘りをやってみましょう。
①一枚の地層をよく観察してみると砂つぶのならび（ラミナ）が、いく重《じゅう》にも重《かさ》なっているようすが見えます。
}一枚の地層
②メモノートが一枚の地層だとすると、ノートの1ページ1ページがラミナの一枚一枚にあたります。
③ページをめくるように、ラミナをはがしていきます。
▷地層やラミナは、つねに平《たい》らだとは限《かぎ》りません。
曲《ま》がった地層
平らでないラミナ
▷化石の入っている地層を決《き》める時は、化石をふくむ地層の断面《だんめん》などを作り、ラミナとの関係《かんけい》もよく見ましょう。右の図《ず》の場合《ばあい》は、化石は下の地層に入っていることになります。

ラミナ掘りってなに?

「野尻湖人」の生活面を発掘するために、地質図をもとにして、地層の境界に注意して、「ラミナ掘り」と「層位掘り」をつかいわけながら、発掘がすすめられています。「ラミナ掘り」は、ラミナとよばれる水の流れによってできた砂粒の並びに注意して、それを薄くはいでいく掘りかたです。水成層のなかの生活面を発掘しようという試みは、これまでだれもやってこなかったものです。「ラミナ掘り」の成果は、さっそく、水生昆虫のはいあとの化石（生痕《せいこん》化石）、ヤベオオツノジカの糞《ふん》化石と思われる資料や足跡化石の発見につながりました。また、「野尻湖人」の生活面を見つけるという目標に、大きな見とおしを与えてくれるものでした。

「野尻湖人」の使った道具として、石器のほかに、骨製スクレイパー、骨製ナイフ、骨製クリーヴァー（ナタ状骨器）などの骨器が数多く発見されていることは、野尻湖の遺跡としての特徴になっており、発掘の魅力のひとつになっています。

水成層であるため、骨が分解されずに残るほかに、当時の環境を教えてくれる植物や昆虫などの化石も残っています。また大型哺乳物の骨片に、スパイラル（らせん）状に割れたものがふくまれており、人が割った可能性もあることから注目されています。

仲町丘陵周辺で行なわれた陸上発掘
（第８回陸上発掘）

（3）「野尻湖人」の生活面はどこ……

野尻湖の湖底がキルサイト（狩り場）なら、近くにキャンプをした場所（キャンプサイト）があるだろうということで、１９７６（昭和51）年夏から陸上発掘が始まり、１９９８（平成10）年までに8回の発掘が行なわれました。この発掘によって、湖底発掘地のまわりの地層の分布や野尻湖のひろがりの変化のようすがはっきりしてきました。また、ナウマンゾウがいた時代よりも新しい、ナイフ形石器文化をはじめとする旧石器時代や縄文・平安時代、中・近世の遺物がみつかり、野尻湖遺跡群のすがたが明らかになりました。

4　野尻湖発掘調査団の活動スタイル

第5次発掘は、約1100名、第6次発掘は3652名の参加で行なわれました。こうした大規模な発掘の準備のなかで、発掘スタイルの基本ができあがってきました。それは、発掘で得られた成果を研究し（創造活動）、それを公表するだけでなく広く市民に普及し（普及活動）、発掘のための条件をつくっていく活動（条件づくり）を、一体としてすすめていこうというものでした。

（1）自前の精神（手弁当の精神）

研究費があれば研究するということではなく、必要な費用は自分たちで負担してでも研究をつづけ、その実績のうえにたってさらに研究費を要求していく、という姿勢です。かつて大きな成果があがった時に、「手弁当の勝利」と言われたのは、参加者全員が資金面で発掘をささえたことをあらわしています。昔からずっと、発掘参加者は宿泊費やおやつ代などを自分で用意します。まさに発掘は、自主的に「みんなで科学する」よろこびに支えられているのです。

（2）適材適所

第5次発掘では、「係」と「班」の組織がつくられました。小学生も研究者も、各自の特技と経験によって、係や班のどれかを分担します。参加者みんなが、自前の精神で参加した、基本的に対等・平等な調査団員です。したがって、発掘の成果も全員のものとなり、協力しあいながら各人が責任をはたすことで、発掘を成功させることができるのです。

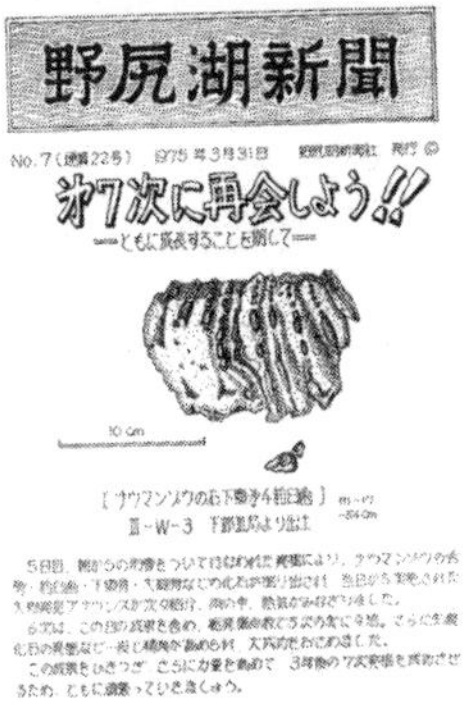
野尻湖新聞

No.7（通算22号）　1975年3月31日

才7次に再会しよう!!

―ともに成長することを期して―

10cm

［ナウマンゾウの右下顎第4前臼歯］

Ⅲ-W-3　下部野尻より出土

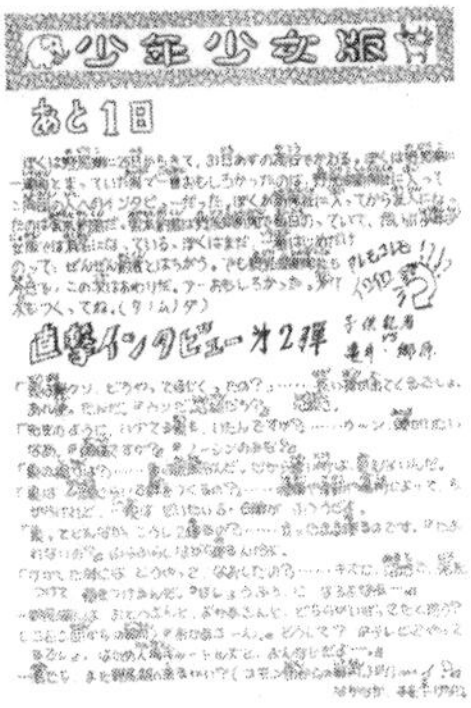
少年少女版

あと1日

直撃インタビュー才2弾

発掘時に発行される野尻湖新聞

（3）成果の普及

発掘のたびに新しい発見があって、そのつどおもしろい課題が提案され、それがすかさず普及されて、いつも参加者全員の問題意識や夢になってきました。それだけでなく、地元や発掘に参加したことのないみなさんにも、成果をつたえる努力をしてきました。そのために、発掘では毎日「野尻湖新聞」を発行し、地元のみなさんにも配布します。また、発掘最終日の前日の夜には、地元成果報告会を行なっています。

（4）野尻湖友の会

第6次発掘の最終日、「野尻湖発掘のことをもっと勉強したい」「自分の

博物館を会場にした哺乳類グループの研究集会

住んでいる地域でも、野尻湖発掘のような活動をしたい」という声がだされ、「野尻湖友の会」をつくるという提案が、参加者の総意として決まりました。
発掘参加者は、発掘の歴史や意義、化石、遺物の特徴やその見分けかた、記録のとりかたなどの学習会をつみかさねてから、発掘に参加するようになりました。それぞれの地域の特色をいかしながら、楽しく学習が行なわれています。また、自分たちの郷土の自然を調べる活動も、さかんに行なわれるようになりました。
第5次から第6次発掘をへて、野尻湖発掘調査団の基本となる組織がつくられてきました。友の会をたて糸、専門グループをよこ糸にたとえた組織です。子どもたちや新しい参加者のみずみずしい感覚を大切にした友の会活動は、新しい発見の原動力になっています（49ページ参照）。

（5）専門グループ

発掘が終わると、出土した哺《ほ》乳《にゅう》動物の化石、植物の化石、花粉の化石、珪藻の化石、貝の化石、考古学的資料などを整理・研究します。火山灰、地質、古地磁気などの研究グループも活動を始めます。これらのグループの活動には、誰でも参加することができます。一人一芸を身につけるために専門グループに入って勉強すると、もっと発掘が楽しくなります。

(6)野尻湖ナウマンゾウ博物館

信濃町と野尻湖発掘調査団は、発掘された化石や遺物の管理を信濃町にうつし、研究や教育に役立てていただくことを第1回の発掘の際に約束しました。現在でも発掘が終わって、専門グループによる研究がひととおり終了すると、次の発掘のはじまる前に、すべての化石や遺物は博物館に管理がうつされます。

1996(平成8)年に、野尻湖ナウマンゾウ博物館と改名

信濃町は、1975(昭和50)年に、調査団と合同の博物館構想委員会を発足させ、さまざまな検討が行なわれました。発掘などの行事では地元と調査団合同の実行委員会をつくる伝統が生まれたり、新年会では地元のみなさんと、おたがい本音で話せるようになりました。

そうした努力もあって、1984(昭和59)年に信濃町立野尻湖博物館が開館することになりました。発掘された化石や遺物の収蔵・展示や学習の場にとどまらず、野尻湖の「総合研究の中心」の役割をはたしています。地元信濃町に根づいた博物館であると同時に、第四紀の自然と日本人の系譜の研究センターとして発展していくことは、みんなの願いになっています。

化石や遺物は地層にどのように堆積しているのだろうか

5　キルサイトの証拠をもとめて　第15次〜第21次発掘

（1）F列を徹底的に発掘する　第15次〜第19次発掘

発掘開始から40年を前にしたころから、新しい発掘方法が検討されました。発掘したぼう大な量の化石・遺物について、より詳しく検討していく必要があるということになり、その一つとして、化石や遺物がどのように地層の中に堆積《たいせき》しているのか、自然の堆積か、何か別の力が加わっているのかを明らかにしようと、「産状確認法」（化石や遺物などが地層にどのように堆積しているかを詳しく調べること）を導入することにしました。第14次発掘（2000〈平成12〉年）では、野尻湖層がどのような場所に堆積したのか、水の流れの方向はどっちだったのかなどを詳しく調べました。第15次発掘（2003〈平成15〉年）では、地層の詳しい観察の結果、昔の湖と陸地との境界線（古汀線《こていせん》・なぎさ）付近と考えられる堆積物や、上方からの圧力によって礫の周辺のラミナが変形しているようすも確認されました。

第15次発掘後には、「発掘地の南西部にあるⅢ区F列周辺で発掘を行ない、その地域がキルサイトとして立《たて》が鼻《はな》遺跡中でどのような性格の場所であるかを明らかにしていく」という10年計画の中期目標が立てられ、人数や発掘面積を小規模にしてでも2年おきに発掘をしようということになりました。その後の発掘で、Ⅲ区F列の堆積環境について、過去の水の流れの方向などが詳しく検討されました。その結果、湖に流れ込む河川により形成された地層であることが明らかになったのです。この時期と重なって、野尻湖層の層序（地層の積み重なりの順序）や地層の名前の改訂も行なわれました。

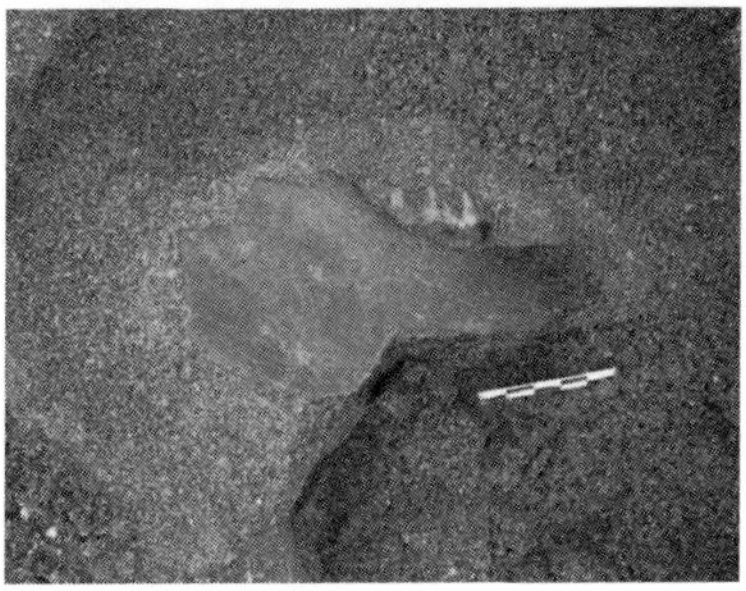
ヘラジカ化石の産出状況
（第17次発掘）

（2）「四万年前・キルサイト・野尻湖人・掘るゾォー!!」 第20次発掘〜

2014（平成26）年の20次発掘は、発掘の新たな目標を象徴したかけ声で始まりました。第19次発掘までの発掘で、くわしい地層のたまり方が明らかにされ、当時の野尻湖のなぎさのようすを復元できるようになりました。その復元をふまえ、第20次発掘からは、キルサイトの状況を示す証拠がたくさん発見されている発掘地の北東部（Ⅰ区）での発掘が再開されました。ここは、まさに「キルサイトの本丸」というべき場所です。

現在、野尻湖発掘は「野尻湖のキルサイト（狩り場）のようすを明らかにしよう」という、第20次発掘からの10年間の中期計画で進められています。解明できていない謎はまだ多くありますが、氷河時代の「野尻湖人」

とナウマンゾウやヤベオオツノジカとの関わりや自然環境のようすが、これからの発掘でさらに詳しく解明されていくことでしょう。

コラム　先生をさそって発掘へ

K先生（右）

現在長野県で小学校の先生をしているNさんは、大学生の頃地学を専門に勉強するようになって、高校生の時にお世話になった先生をさそって発掘に参加しました。今では、先生のほうが熱心になり、高校生をさそって発掘に参加するようになっています。思いがけず、高校の先生の大学時代の先生のK先生も発掘に参加していたので、先生、生徒、生徒の生徒が、勢ぞろいすることになりました。

発掘参加にはいろいろなきっかけがありますが、中学生が先生をさそって参加したり、石垣島から中学生が一人で参加したり、そのきっかけはさまざまです。家族で参加される方も多いのですが、なかには三世代（おじいちゃんとその子どもと孫）そろって参加することもめずらしくなく、発掘の歴史の長さを感じさせてくれます。さそって、さそわれて、発掘が面白くなってしまう、そういう人のつながりが魅力の発掘でもあるようです。

第4章 氷河時代の謎解き

ナウマンゾウの復元図（金子三蔵画）

野尻湖発掘ではたくさんの化石や遺物が発見されます。でもこの発掘は化石や遺物を見つけることだけが目的ではありません。化石として見つかるナウマンゾウやヤベオオツノジカは、どんな姿をしていたのでしょうか。それらの大型哺《ほ》乳《にゆう》類《るい》を狩りしていた「野尻湖人」はどのような環境の中で暮らしていたのでしょうか。そんな氷河時代の野尻湖とその周辺の様子を明らかにすることも大きな目的です。

地層や化石の研究を通してこのおもしろそうな謎《なぞ》解《と》きに挑んでいるのが、専門グループです。野尻湖発掘調査団には地質・火山灰・古地磁気・人類考古・哺乳類・生痕《せいこん》・植物・昆虫・貝類・花粉・珪《けい》藻《そう》の11の専門グループがあります。専門グループには友の会会員であって、「謎解きに挑戦したい!」という熱意があれば、誰でも参加することができます。この章では、専門グループが挑んできた氷河時代の謎解きの一部を紹介したいと思います。

地球
古地磁気グループ
人類考古グループ
貝類グループ
植物グループ
生痕グループ
カバノキ
ツガ
トウヒ
花粉グループ
みゃっ?
珪藻グループ
昆虫グループ
地質グループ
哺乳類グループ
火山灰グループ

11の専門グループ

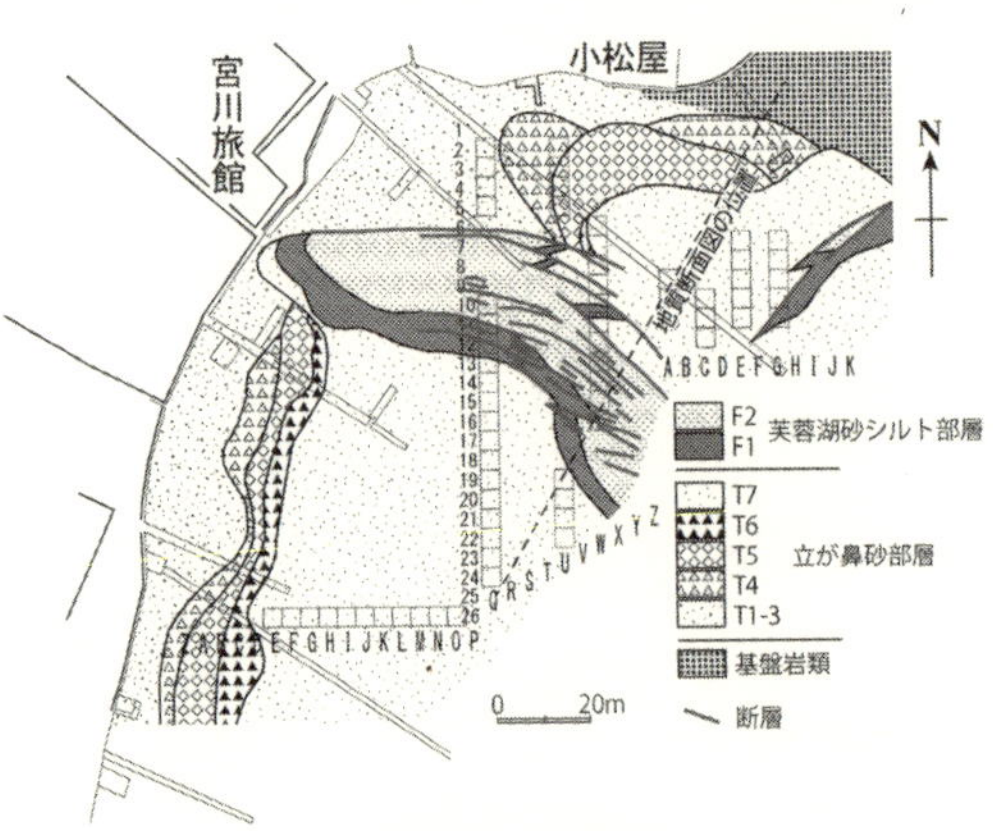

発掘地の地質図

1　野尻湖の地層と火山灰
地質・火山灰グループ　その1

(1) 発掘の設計図——層序と地質図——

野尻湖に堆積《たいせき》した地層は「野尻湖層」と呼ばれ、どのようなものがどのような順番で堆積しているのかが詳しくわかってきました。このような地層の積み重なりの順序を「層序」とか「地質層序」といいます。また、地層の平面的な広がりをあらわしたものが地質図です。今では立《たて》が《が》鼻《はな》遺跡周辺の層序が詳しく検討され、地質図ができています。ですから、化石や遺物が見つかったら、「これは立が鼻砂部層のT2ユニットに含まれていたものだから、4・9万〜4・4万年前のものじゃないかな」とか「立が鼻砂部層のT5ユニットで大きな礫《れき》が下の地層を変形させたようすが確認できたから、今度はT5ユニットが分布するこの場所を発掘して

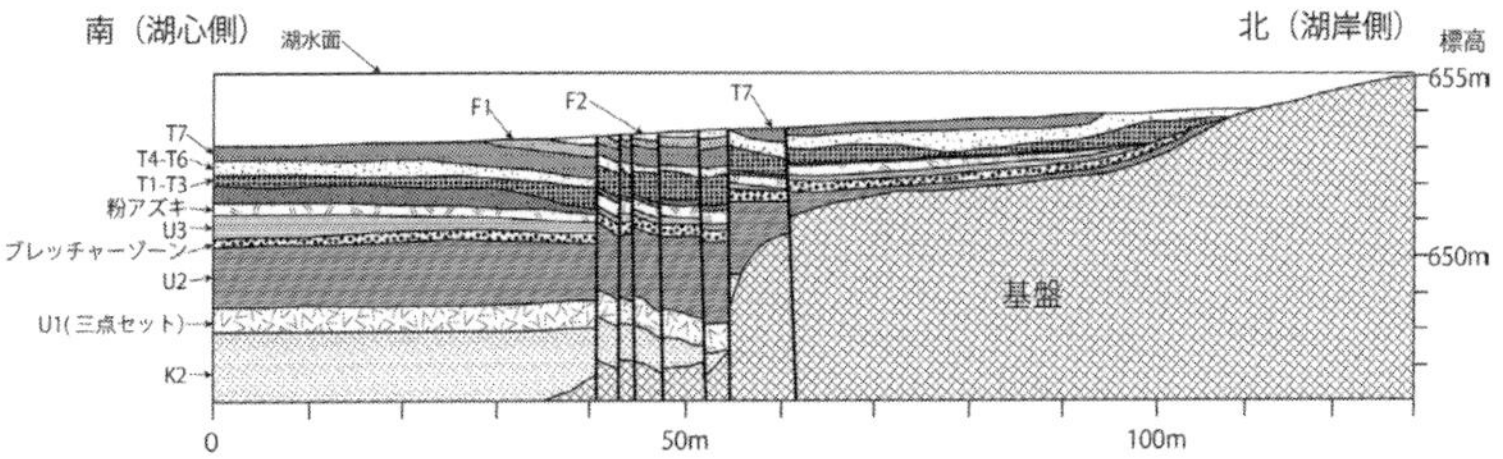

地質断面図（断面位置は地質図参照）

みよう」、というような議論ができるようになってきました。このことからもわかるように、層序と地質図は、発掘には欠かせない設計図となります。

発掘のたびにグリッドや試掘溝の壁面に現れる地層断面を観察し、正確に記録に残します。その記録をつなぎ合わせることで、立が鼻遺跡全体の層序や地質図がより詳しく組み立てられてきました。

（2）地層を追跡するために——鍵層《かぎそう》を利用する——

立が鼻遺跡に積もっている野尻湖層は、水の中（湖底）に積もった「水成層」で、主に礫、砂、シルトからなりますが、その中にたくさんの火山灰層がはさまれています。そして、これらの火山灰層は、私たちの顔つき（顔相）が一人ひとり異なるように、色や粒子の大きさ、含まれる鉱物の種類などの特徴（岩相）がそれぞれ違うので、詳しく観察するとどの火山灰層なのかを見分けることができます。

火山灰層のように特徴があって、ほかと区別ができる地層のことを「鍵層」といいます。野尻湖層中の火山灰層は、これまでの研究によって個々の火山灰層の特徴が詳しくわかり、これらの鍵層はフィールドで使うニックネーム（フ

湖底に堆積した「赤スコ」

ィールドネーム）で、「赤スコ」、「粉アズキ」などと呼ばれています。したがって、発掘で地層中に火山灰層が見つかると、これは「赤スコ」、こっちは「粉アズキ」だというように見分けることができます。

こうした鍵層は、同時に広い範囲にたまるので、離れた場所の地層をつなぎ合わせることが可能となり、立が鼻遺跡とその周辺の詳しい層序と地質図の作成が進みました。また、野尻湖層やその下位の琵琶《びわ》島《じま》沖層からは、九州や山陰地方の火山のほか、木曽《きそ》御嶽山《おんたけさん》や立山から飛んできた火山灰も見つかっています。このように数百km以上離れたところから飛んできた広域火山灰を利用すると、遠くに離れた地域の地層の記録を、つなぎ合わせることもできるようになります。

（3）火山灰はどの火山から？

「赤スコ」は、火山の爆発的な噴火によって飛んできたスコリアが積もってできた地層です。スコリアは、マグマの破片が冷え固まったもので、赤や黒色をしていて、スポンジのように「あな」がたくさんあいています。この「あな」はマグマの中に溶け込んでいた気体の成分が発泡したあとで、火山が爆発的な噴火をした時にできたと考えられています。

穴掘りの地質調査

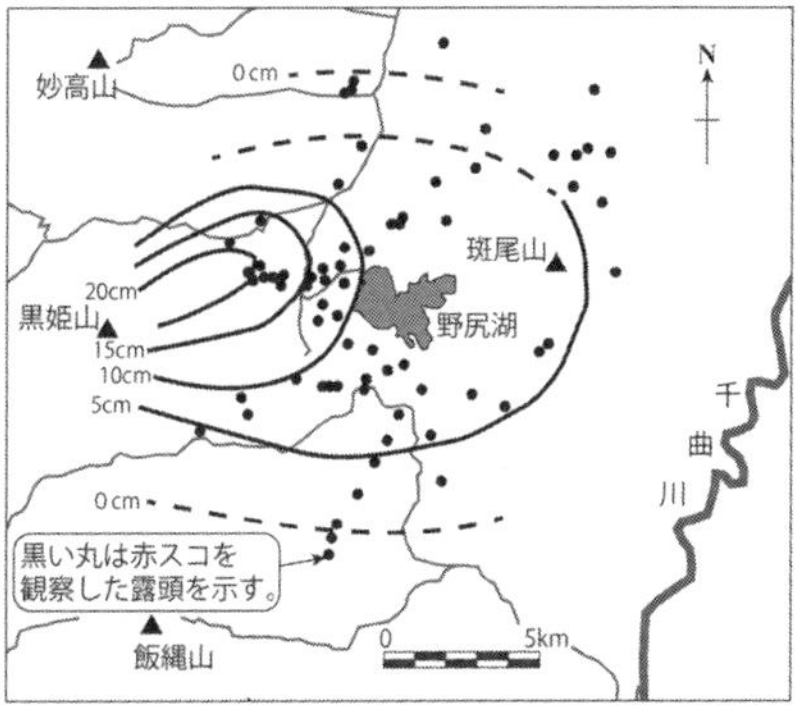

「赤スコ」の分布と厚さ

さて、この「赤スコ」は黒姫山から噴出したと考えられていますが、なぜ黒姫山が噴火してできたということがわかるのでしょうか。「赤スコ」が噴出したのは約4・4万年前のことなので、当然人による確認の記録はありません。「赤スコ」は鍵層なので、スコリアの色や含まれている鉱物の種類、他の鍵層との上下関係をもとにして野尻湖周辺に分布する「赤スコ」を探し回り、たくさんの地点でその厚さを調べました。

結果は、図のように黒姫山付近でもっとも厚く、東にむかって薄くなることがわかりました。南北にはあまり広がって分布しません。舞いあがったスコリアは、普通は西風に流されます。当然、火山の近くでは厚く、遠くなると薄くなります。このことから、「赤スコ」の噴出源は黒姫山だとわかったのです。

（4）露頭《ろとう》の探索――なければ作る！――

火山灰層や地層を調査するためには、まずは露頭を探します。地学で使う露頭という言葉は、地層が露出している崖のことです。し

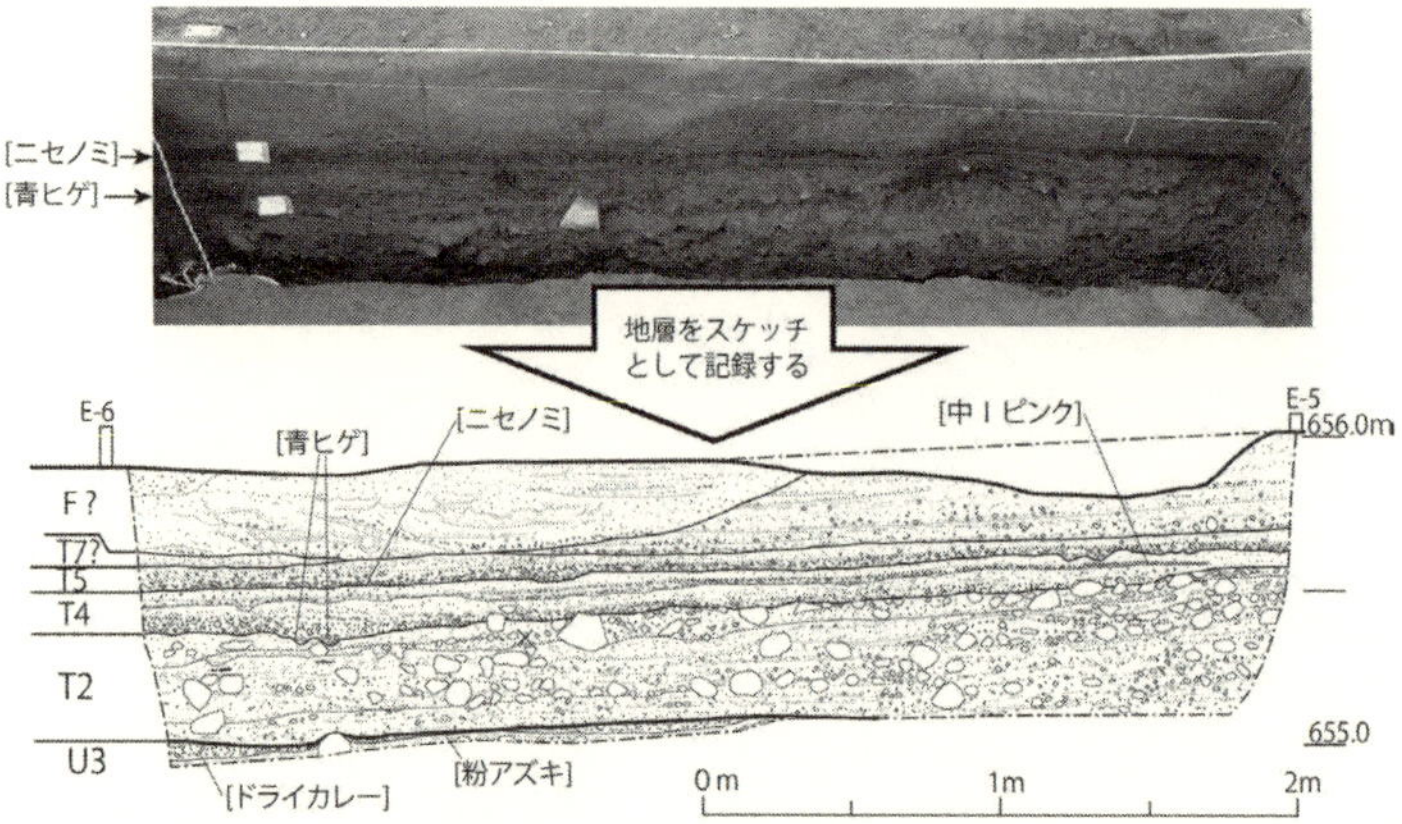

壁面写真とスケッチ（第 20 次発掘）

かし、ちょうどよいところに露頭がない場合もあります。そうしたときは「路頭に迷う」のではなく、露頭を作ってしまえばいいんだ！　ということで、スコップで穴を掘って調べることもよくあります。もちろん、穴を掘って調べるときは地主さんに、きちんと許可をいただきます。

（５）水の中にたまった地層の見方

地層をなんとなく眺めるだけでは、何もわかりませんが、地層をつくっている粒の大きさや地層の中に見られるラミナ（砂粒のならび）、礫の形、礫とラミナの接し方などに注目すると、どのように砂や礫が運ばれてきて、どのように堆積したのかを読み解くことができます。こうした地道な調査を続けた結果、立が鼻砂部層Ｔ１・Ｔ２ユニットは、洪水や湖の水位の変化によって形成された地層であることがわかってきました。野尻湖の水は水

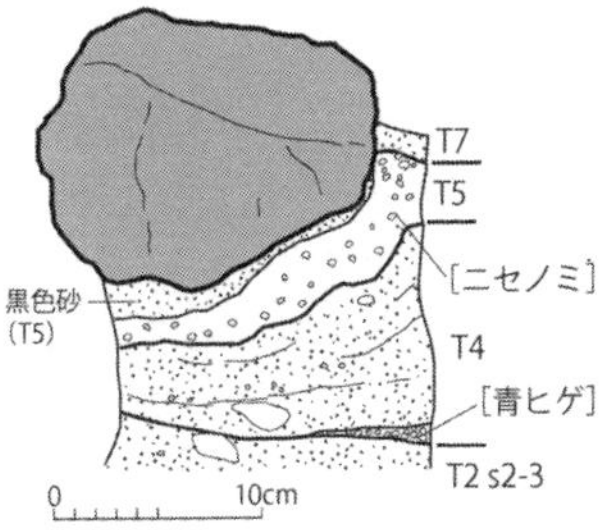

地層を変形させている礫の写真（右）とスケッチ（左）
（第21次発掘）

力発電に使われるために、現在は人の手によって水位が管理されていますが、過去には大地の隆起と沈降、雨や雪の増減などの影響を受けて変化を続けていたと考えられます。

水位が下がって干上がった湖岸で、「野尻湖人」が狩りや動物の解体をした可能性があります。そこで発掘では化石や遺物などが見つかっても、すぐに掘り出さずに周りの地層との関係をよく観察するようにしています。このように、化石や遺物が地層にどのように入っているのかを確かめる「産状確認法」により、化石や遺物がどのように運ばれてきて、どのように地層の中に埋まったのかを読み取る努力を続けています。その結果、自然の水の流れでは説明がつかず、大きな力で上から押さえつけられたような痕跡《こんせき》をもつ大きな礫がいくつか見つかりました。発掘現場では「ゾウが踏んづけたんじゃない？」、「ヒトが獲物に投げつけたんだよ」など、いろいろなアイデアが出されましたが、まだ「これだ！」という明確な答えは見つかっていません。このワクワクする謎解きはこれからの発掘でも話題の中心になることでしょう。

2　地層の年代を決める
地質・火山灰グループ　その2

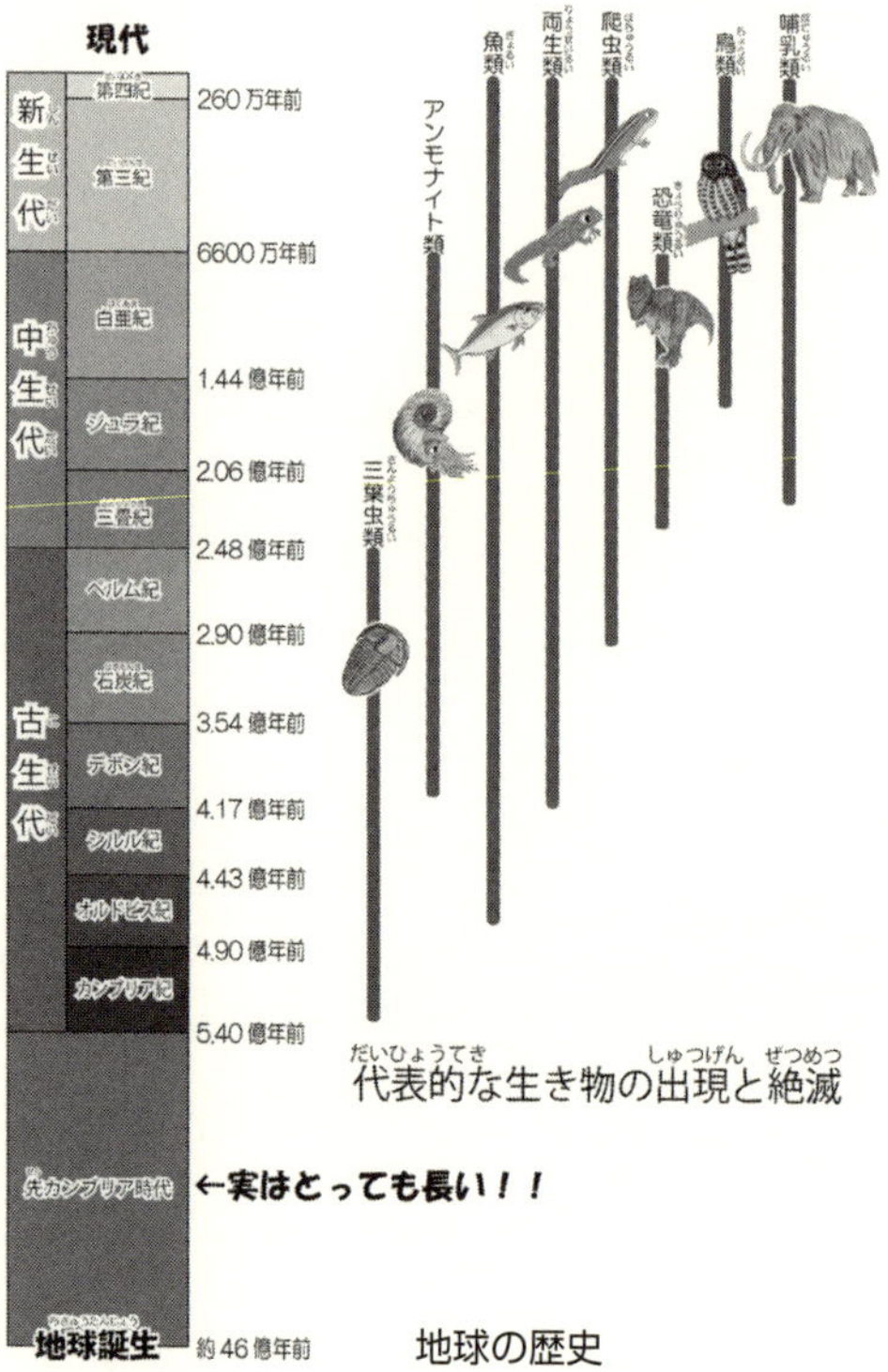
現代
新生代
第四紀
第三紀
中生代
白亜紀
ジュラ紀
三畳紀
古生代
ペルム紀
石炭紀
デボン紀
シルル紀
オルドビス紀
カンブリア紀
先カンブリア時代
地球誕生
260 万年前
6600 万年前
1.44 億年前
2.06 億年前
2.48 億年前
2.90 億年前
3.54 億年前
4.17 億年前
4.43 億年前
4.90 億年前
5.40 億年前
約 46 億年前
←実はとっても長い！！
三葉虫類
アンモナイト類
魚類
両生類
爬虫類
恐竜類
鳥類
哺乳類
代表的《だいひょうてき》な生き物の出現《しゅつげん》と絶滅《ぜつめつ》

地球の歴史

（1）地層の年齢（年代）を知るために

あなたが生まれたのは何年前ですか。この問いにはすぐに答えられるでしょう。誕生日から現在までの年数を計算すれば、あなたが何年前に生まれたのかが分かりますよね。では、地層の年齢（年代）はどうやったら分かるのでしょうか。地層の年代については、次に紹介する二つの性質を知っておくことが重要です。

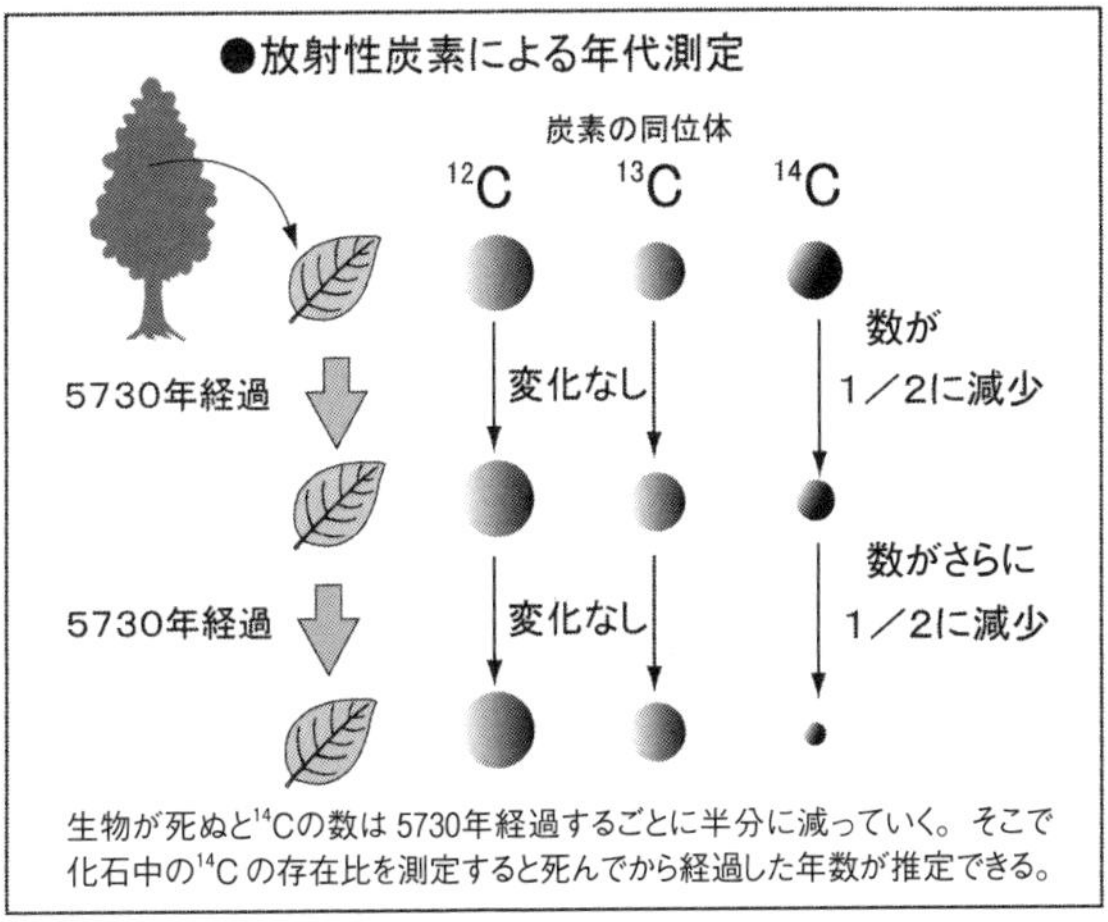
●放射性炭素による年代測定
炭素の同位体
^{12}C
^{13}C
^{14}C
5730年経過
変化なし
数が
1／2に減少
5730年経過
変化なし
数がさらに
1／2に減少
生物が死ぬと^{14}Cの数は5730年経過するごとに半分に減っていく。そこで化石中の^{14}Cの存在比を測定すると死んでから経過した年数が推定できる。

放射性炭素同位体の半減期

（2）相対年代と数値年代

「下の地層は上の地層よりも古い」という地層累重《るいじゅう》の法則があります。すでにある地層の上に新しい地層が重なってできることから、地層の新旧関係が分かります。また、恐竜の化石が見つかると中生代だということが分かります。このように地層の上下関係や化石によってわかる年代を、相対年代といいます。

もう一つは地層の年代を○○年前のように測定する方法があります。このような年代を数値年代といいます。野尻湖層の数値年代は、地層に含まれる動物や植物の化石を用いた年代測定や、年代が分かっている広域火山灰層を用いて決定しています。

（3）数値年代の求め方

放射性炭素には、放射線を放出してちがう元素に変わり、規則正しく数が減っていくという性質があります。このような性質を持つ元素を放射性同位体といいます。放射性炭素の場合は、５７３０年で元の半分になり、数が半分になる時間を半減期といいます。半減期の2倍、1万1460年経《た》つと、元々あった数の4分の1になります。

自然界には非常にわずかですが放射性炭素（^{14}C）があります。生き物の体内に取り込まれた放射性炭素は、生物が生きている間は一定の割合に保たれますが、生き物が死ぬと新たに放射性炭素を取り込めなくなりますので、体内にあった放射性炭素が半減期ごとに半分になります。ですから、化石に残っている放射性炭素の割合を測定すれば、その生物がどのくらい前に死んだかという年代を求めることができるのです。

（4）ボーリングコアから明らかにされた野尻湖層の年代

1988年に採取された野尻湖ボーリングコア（NJ88コア）は、掘った場所が岸から離れた水深約29メートルの場所なので、細かな粒子が少しずつ降り積もるようにして堆積《たいせき》した粘土層からなります。この粘土層からは、黒姫山や妙高山の噴火による火山灰層や、広域火山灰層が見つかっています。広域火山灰層は多くの地点で放射性炭素年代測定が行なわれていて、鬼界《きかい》アカホヤ火山灰が約7300年前、姶良《あいら》Tn火山灰が約3万年前とされています。また、大山倉吉《だいせんくらよし》軽石は、他の年代測定法などにより約6・2万年前と推定されています。

これらの火山灰層を年代の基準として、粘土層が1年間あたりに堆積した厚さを計算すると、現在から鬼界アカホヤ火山灰までは1年間に約0・5㎜、鬼界アカホヤ火山灰から姶良Tn火山灰までは約0・3㎜、姶良Tn火山灰から大山倉吉軽石までは約0・4㎜の速さで粘土がつもったことになります。この結果から、粘土に挟まっている黒姫山や妙高山の火山灰層の年代も計算することができ、「三点セット」は約6・1万年前、「ドライカレー・粉アズキ」は約4・9万年前、「上Iピンク」は約3・8万年前となります。このように求められた火山灰層の数値年代から、野尻湖層の数値年代が推定されています。

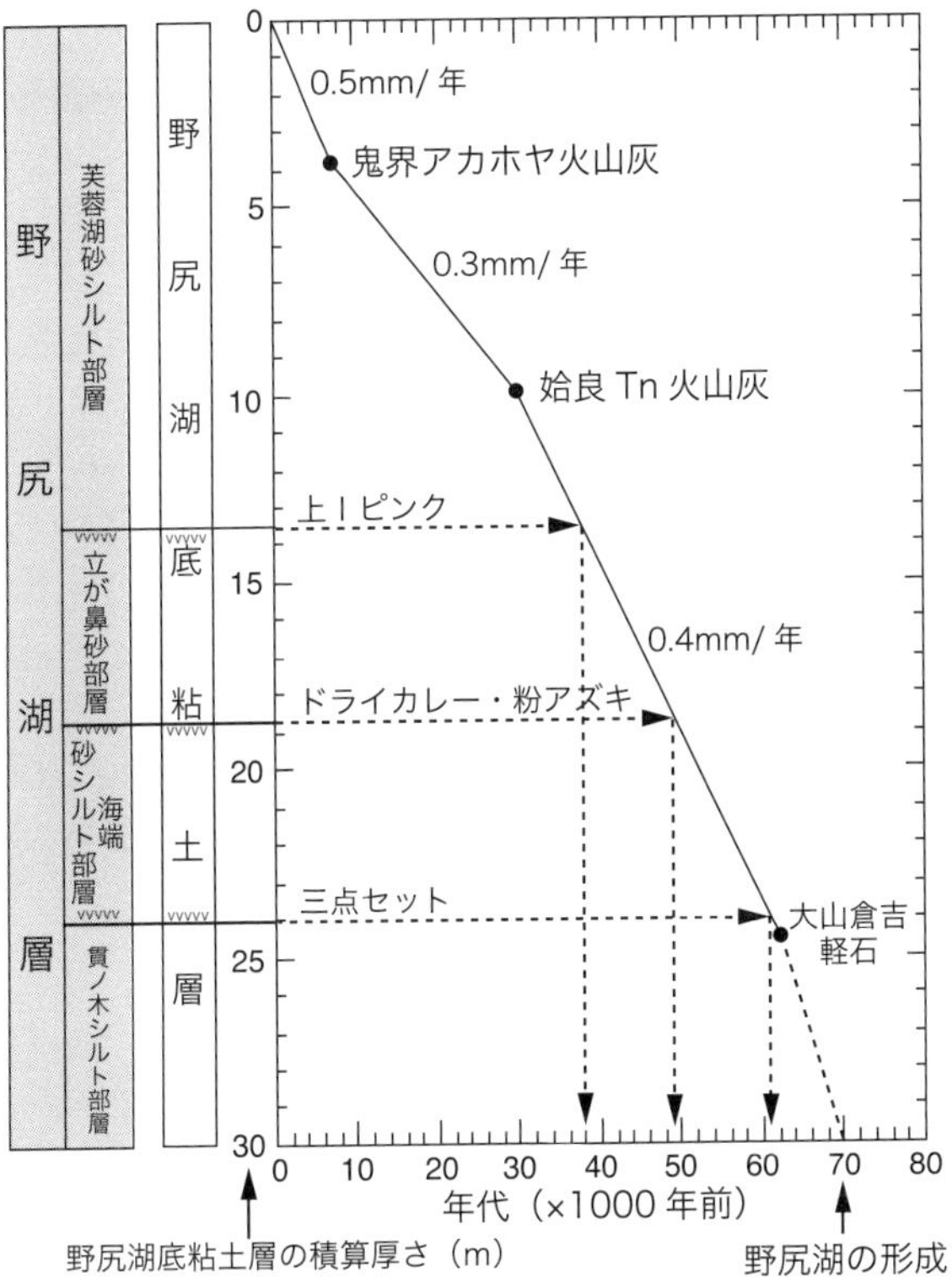

NJ88コアに挟まる広域火山灰層の深度・年代と粘土層の堆積速度および立が鼻発掘地の野尻湖層との関係

コラム　火山灰は宝石箱

露頭で採取した火山灰を水で洗うと、キラキラ輝く宝石のような鉱物を取り出すことができます。このように鉱物を取り出す作業を、お椀《わん》を使うので「椀がけ」と呼びます。ただ、この椀がけにはちょっとしたコツがあるので紹介します。

火山灰は、新鮮な状態なら火山ガラスと鉱物でできています。しかし、陸上に積もった火山灰は、火山ガラスだった部分が粘土に変わり、鉱物はきれいな状態で残っています。湖の中に積もった水成層の「赤スコ」は火山ガラスが新鮮な状態で残っているため鉱物を取り出すことが難しいのに対し、陸上に積もった風成層の「赤スコ」は火山ガラスの部分が粘土に変わっているので、かんらん石と輝石《きせき》という鉱物を取り出すことができます。

使用するお椀は上等な塗り物ではなく、子ども用のプラスチック製の底の丸いお椀が、指が底まで届くので使いやすいです。

まずは、ティースプーンにひとさじほどの火山灰をお椀に入れ、火山灰がヒタヒタになるくらいの水を入れます。親指の腹を使って強めにゴシゴシ、お椀の底にこすりつけるようにして火山灰を洗います。火山灰がネチョネチョもしくはドロドロになったらお椀に7から8分目くらい水を入れてよくかき混ぜます。しばらくして砂粒が沈んだら、泥水をゆっくりとバケツなどに捨てます。

この作業を水がほとんどにごらなくなるまで繰り返します。鉱物の表面に粘土が残っていると、顕微鏡で見ても美しくないのでがんばってきれいにしましょう。

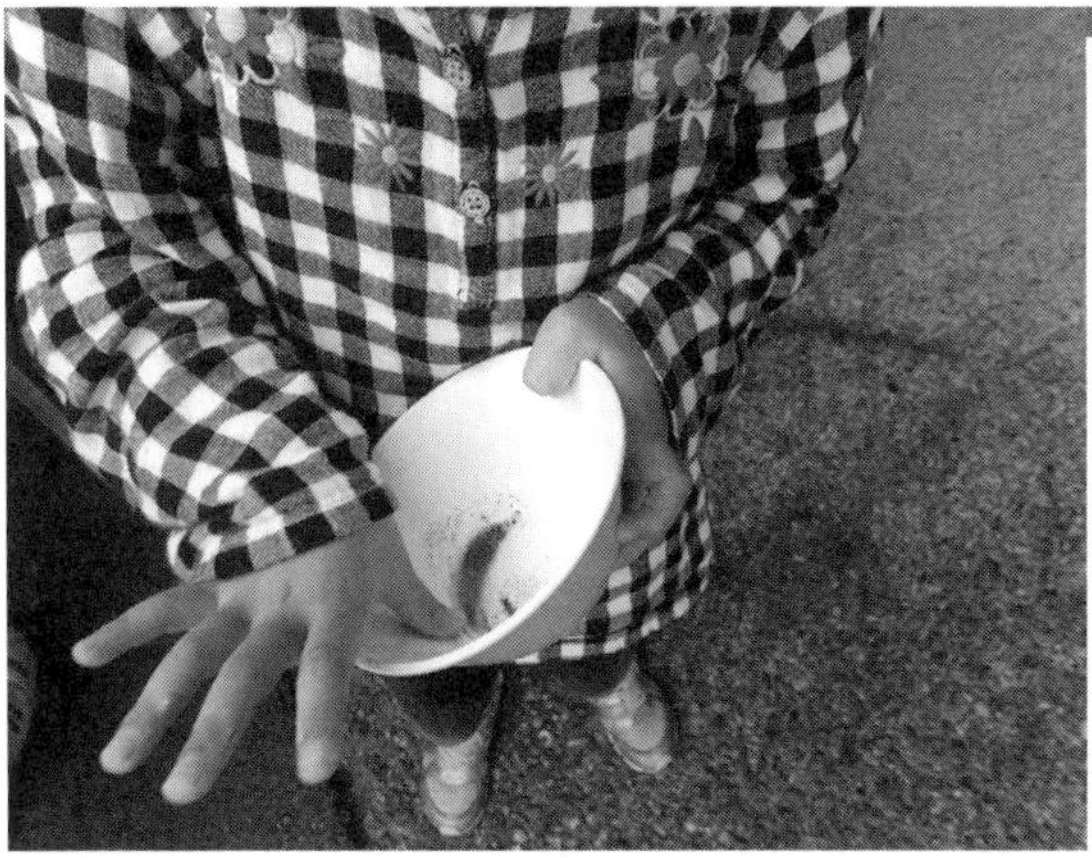

椀がけ

椀がけして取り出した鉱物粒子が乾いたら実体顕微鏡やルーペを使って観察します。このとき、なるべく明るくして観察するのがコツです。明るい光の下では、透明感があり、キラキラしてとても美しいですよ。

身近に火山灰を採取できる場所がない場合は、ホームセンターなどで売られている鹿沼土を椀がけしてみるのがいいでしょう。群馬県の赤城山から噴出した火山灰ですから、椀がけをすればきれいな鉱物を取り出すことができます。

3　地層中に記録された地磁気の変化を探る

古地磁気グループ

（1）地磁気とは？

方位磁針を使うと、方角を知ることができます。これは地球に磁石のような性質があるからで、地磁気といいます。小学校ではN極が北を指すと習いますが、長い地球の歴史の中には、S極が北を指す時代もありました。現在のようにN極が北を指すようになったのは今から約77万年前で、その前の数10万年間はS極が北を指す時代だったことがわかっています。地磁気は数万～数１００万年の周期で逆転を繰り返しています。最後の地磁気の逆転がよく記録されている地層が千葉県にあります。約77～13万年前の地質時代名として、チバニアン（千葉時代）と呼ぶことが提案され、最近の話題になっています。

地図の基準として使われる北は北極点の方向で、真北といいます。磁石の指す北を磁北《じほく》と呼びますが、野尻湖のある長野県では真北から7度ほど西を向いています。磁北と真北の間の角度を偏角《へんかく》と呼びます。

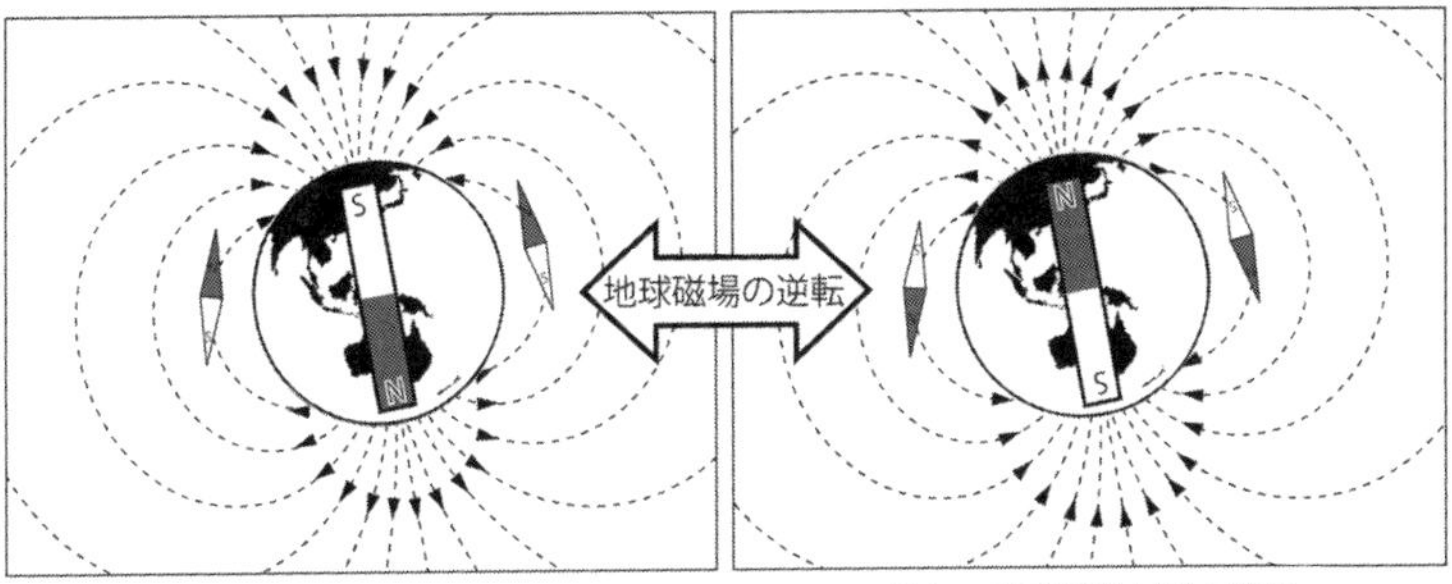

現在の地球磁場と同じ状態　現在の地球磁場と逆の状態

地磁気の逆転のイメージ

方位磁針の磁石は、支点を中心としてS極側がN極側に比べて重くしてあります。S極側とN極側の重さをまったく同じにした磁石では、磁北を指すN極側が、水平面より45〜50度下をむいてしまうからです。この角度を伏角《ふっかく》と呼んでいます。

野尻湖に地層がたまった最近の7万年間では、長期間続くような地磁気の逆転は起こっていませんが、偏角、伏角や地磁気の強さが連続的に変化してきたことが、琵琶湖などの湖や海底の地層の研究から明らかにされています。

(2) 野尻湖層に記録された地磁気の変化

野尻湖層には地層が堆積《たいせき》した時の地磁気の強さや偏角、伏角が記録されています。それを研究しているのが古地磁気グループです。地磁気の変化は地球規模の変化なので、世界中の地層との関係を知る上で、とても大切な情報をもたらしてくれるのです。

細かい砂や泥の粒子には、磁石のように磁性をもったものが含まれています。その証拠に、湖岸にたまっている砂の上で磁石を引きずると、

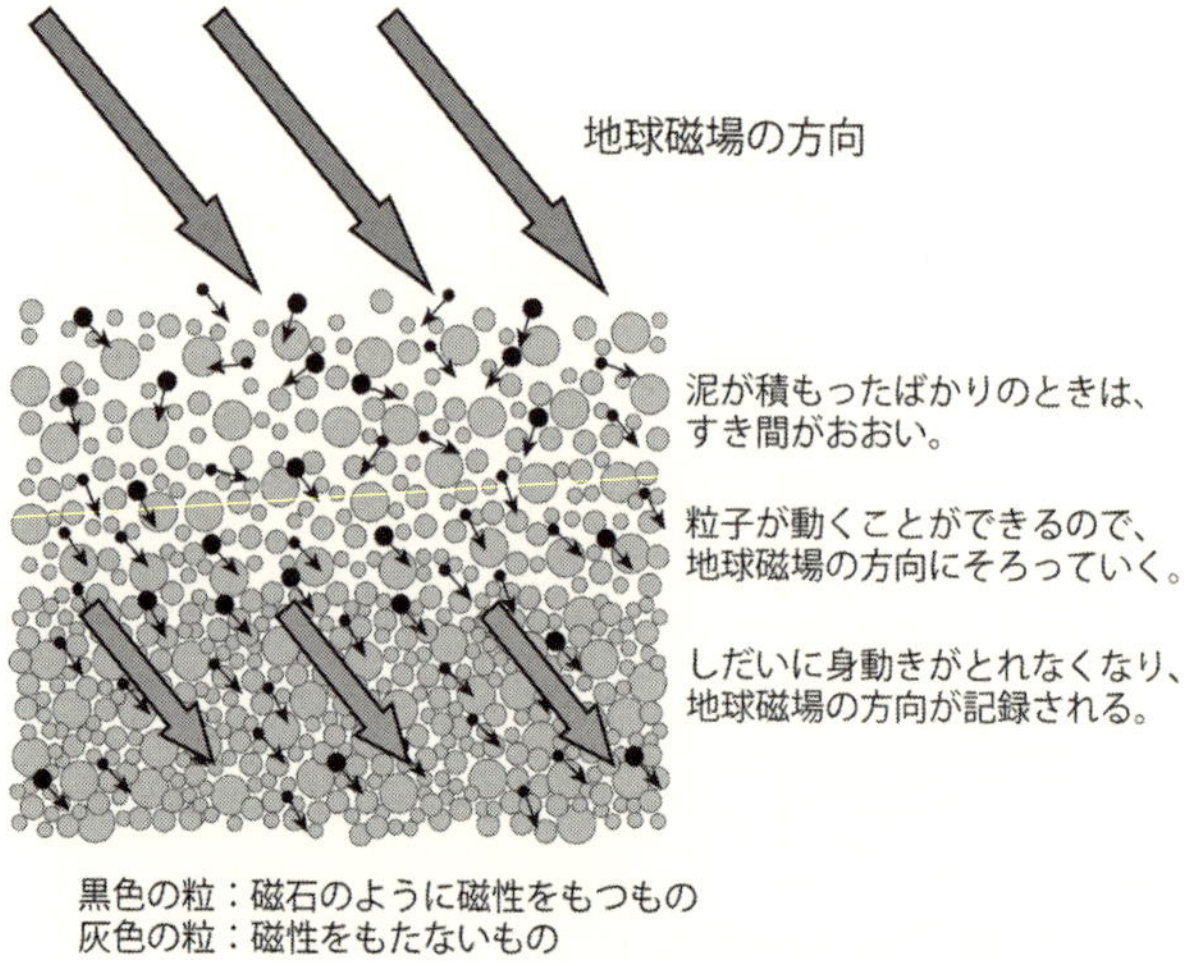
地球磁場の方向
泥が積もったばかりのときは、
すき間がおおい。
粒子が動くことができるので、
地球磁場の方向にそろっていく。
しだいに身動きがとれなくなり、
地球磁場の方向が記録される。
黒色の粒：磁石のように磁性をもつもの
灰色の粒：磁性をもたないもの

地磁気が地層中に記録される様子（モデル）

砂鉄がたくさん集まります。磁性をもった粒子が運ばれ湖の底にゆっくり積もるとき、地磁気の影響を受けて方向がそろいます。粒子が大きくなると早く沈んだり動きづらくなったりするので、方向がそろいにくくなります。ですから、昔の地磁気（古地磁気）の研究をしようと思ったら、泥や細かい砂からできた地層の方が適しています。

　こうした研究にうってつけなのが、年代の話のところで出てきた野尻湖ボーリングコア（ＮＪ88コア）です。主に細かい泥が厚く連続的につもっているからです。

　古地磁気グループではこのコアからサンプルを採取し、古地磁気の方位を測定しました。その結果、深度29・5〜31・25メートルの部分で、伏角が現在とは逆に上をむくことがわかりました。火山灰層との関係から約6・2万年前とわかります。ノルウェー・グリーンランド海や北極海、中国の黄土高原でも、この時期の地層から地磁気の乱れが報告されています。野尻湖で見つかった古地磁気の乱れも、この仲間の可能性があります。

ナウマンゾウ化石の産出状況（第20次発掘）

4　ナウマンゾウの姿を復元する
哺乳類《ほにゅうるい》グループ　その1

（1）化石を発見したら

野尻湖の化石は、化石と言っても「石」のように固くなっているわけではありません。湖底にたまっている砂などの地層をていねいに移植ゴテで削っていると、「湿らせたクッキー」ほどの固さの、鮮やかなオレンジ色をしているものが見つかります。これが骨の化石です。空気に触れと、みるみるうちに茶色に変わってしまいます。鮮やかなオレンジ色を見ることができるのは、発掘参加者の特権のひとつです。

参加者はこのようなものを発見した時、班長に報告します。班長は骨化石の可能性が高いときには、哺乳類班を呼びます。哺乳類班はまず、どの地層にどのように入っているかを産状確

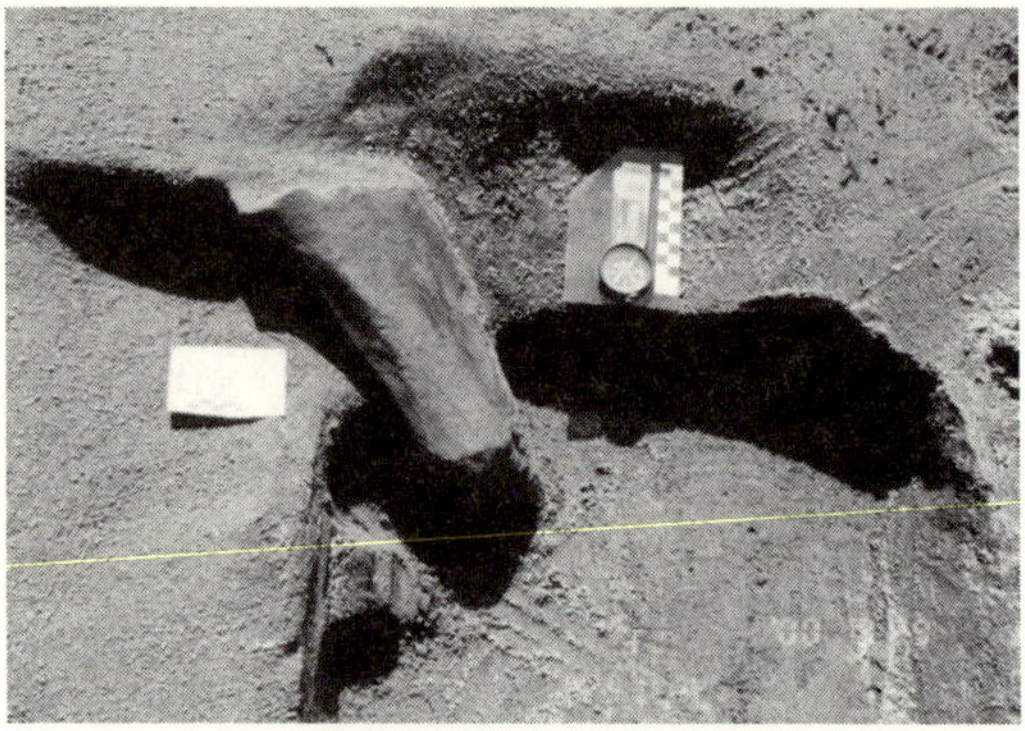

産状確認法による発掘

認法で確認します。どんどん掘り出してしまうと、どのように堆積《たいせき》したのかわからないばかりか、長靴の底にくっついてまぎれ込んだものなどと区別がつかなくなるためです。次に、全体を掘り出しながら骨なのかどうか、骨ならどの動物の、どこの部分かを判定します。

化石であるとわかったら番号をつけ、記載係がどの地層に含まれていたのか、発見された位置などの基本データを「化石・遺物カード」に詳しく記録します。記録が終わるといよいよ取り上げです。小さな化石は周りの砂ごと取り上げたりしますが、大きなものはこわれやすいので石《せっ》膏《こう》で周りの地層ごと固めて掘り上げます。そして「化石・遺物カード」と化石を一緒に試資料整理班に持って行き、記録に抜けや誤りがないかチェックを受けると化石の受付が完了です。

（2）化石のクリーニングと強化

化石は2～3カ月かけてゆっくりと乾くよう、化石を入れたポリ袋に竹串《たけぐし》でたくさんの穴を開け博物館の棚に置いておきます。化石は水をたくさん含んだ状態のため、急激に乾かすと表面から乾き、その部分から縮むために中心部との差ができて、化石が粉々になってしまいます。ゆっくり乾かすと、ひび割れを少なくすることができるのです。

発掘は3月ですが、8月には哺乳類グループの合宿で、化石の処理を行ないます。まず、化石の周りについている砂や泥などを、竹串やハケを使っててていねいに取り除きます。この作業をクリーニングといいます。石膏がけをして取り上げたものは、地層に埋まっていた状態とは上下が逆になります。化石の下にあった地層も一緒に掘り上げられるため、地層の観察もしながらクリーニング作業を進めます。片面が終わると、再び石膏がけをしてひっくり返して、反対側のクリーニングを行ないます。クリーニングが終わると、アクリル樹脂液に一昼夜ほど漬けて、化石の強化をおこないます。それを乾燥させると手に持っても大丈夫なくらいになります。

石膏をかけて化石をとりだします

（3）いろいろ比べて復元する

化石の強化が終わると、いよいよ研究段階に入ります。ナウマンゾウは絶滅種なので、現在のアジアゾウやアフリカゾウの骨標本と比較したり、すでに見つかっている化石と比較したりして、大きさや形を計測・記録します。ただ、野尻湖のナウマンゾウ化石の場合、1本の骨が壊れていない状態で産出することはまれなため、他の地域で見つかった同じ部分の化石と比較して調べます。野尻湖の化石は、同じ個体の骨とは限らないことや、ほとんどの化石が骨の一部分なので、1本の骨を復元するのもたいへんな作業になります。

からだ全体を復元する作業はさらにたいへんです。ナウマンゾウの骨格の全身復元では、北海道、千葉県、東京都などの他の地域から産出した化石をもとにして、野尻湖で発見された化石のデータを加えて行ないます。そして、現在生きているゾウから筋肉や皮膚の状態などを推定し、生きていた時の状態を復元します。

5 こんな動物の化石も見つかっている 哺《ほ》乳《にゅう》類《るい》グループ その2

(1) ヤベオオツノジカ

ナウマンゾウとならんで野尻湖を代表する大型哺乳類にヤベオオツノジカがいますが、こちらも絶滅しています。復元の方法は、基本的にナウマンゾウと同じです。化石のクリーニングと強化をし、現生のニホンジカや体型の近いヘラジカの骨などと比較して記録をします。そうやってデータを集めて、生きていた時の姿を復元していきます。

オオツノジカの特徴は、何と言っても発達した角にあります。ヤベオオツノジカの角は、付け根の部分からすぐに二分して、前上方に伸びる短い枝（眉枝《びし》）と斜め後ろ上方に長く太い幹状に伸びる角幹《かくかん》に分かれ、角幹の先端は大きく手のひら状に広がります。この部分を角冠《かくかん》または掌状角《しょうじょうかく》と呼びます。オオツノジカは、眉枝と掌状角の形によって、いくつかの仲間に分類されます。野尻湖をはじめ日本で産出するほとんどのオオツノジカ化石は、栃木県葛生町《くずうまち》で産出した化石がタイプ標本になっているヤベオオツノジカに同定されています。

復元されたヤベオオツノジカ（中央）と
ヘラジカ（左）の剥製

野尻湖ナウマンゾウ博物館の展示室に入ってすぐ左側に大きなヤベオオツノジカの復元像があります。角の先端までの高さが2・7m、肩までの高さ（肩高）1・7m、鼻先から尾までの体長が2・3m、左右の角の間隔が1・7mもある実物大の生体復元像で、体重は300～500㎏と推定されています。

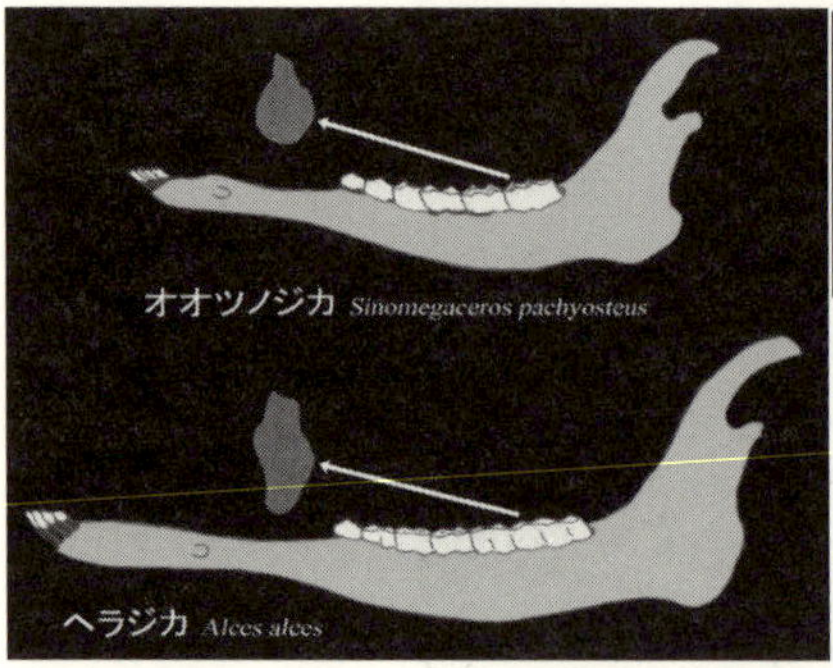

オオツノジカとヘラジカの違い（野尻湖哺乳類グループ、2010より）

野尻湖でみつかったヘラジカ化石

(2) ヘラジカ

岐阜県熊石洞《くまいしどう》や岩手県花泉《はないずみ》ではヤベオオツノジカとヘラジカの化石がいっしょに見つかっています。野尻湖にもヘラジカがいたのではないか、という予想もありましたが、確実な証拠は見つかっていませんでした。２００８年の第17次発掘で、一片の大型シカ類の下顎骨片が発見されました。これこそが、まさにヘラジカの化石だったのです。

ヘラジカの下顎《かがく》第三大臼歯《きゅうし》（一番奥の臼歯）の最も後ろの部分は、ヘラジカとヤベオオツノジカで大きな違いがあります。ヤベオオツノジカではこの部分が円柱状になっているのに対して、ヘラジカでは小さな三角形をした柱が二つついています。その後、第16次発掘で見つかっていた大臼歯1個と第10次発掘で見つかっていた下顎骨の破片がピッタリとくっつき、同じ下アゴのものであることが判明しました。また、同じグリッドからはヤベオオツノジカの切歯も見つかり、野尻湖にはヤベオオツノジカとヘラジカが共存していたことが明らかになりました。

ヘラジカはマンモスと一緒にすんでいた、シベリアなどの寒い地方を代表する生物です。野尻湖でみつかったヘラジカは、日本で一番古いものですが、本州に渡ってきた時期がこれまで考えられてきたよりも古くなることがわかりました。これまでの通説をくつがえす大発見になりました。

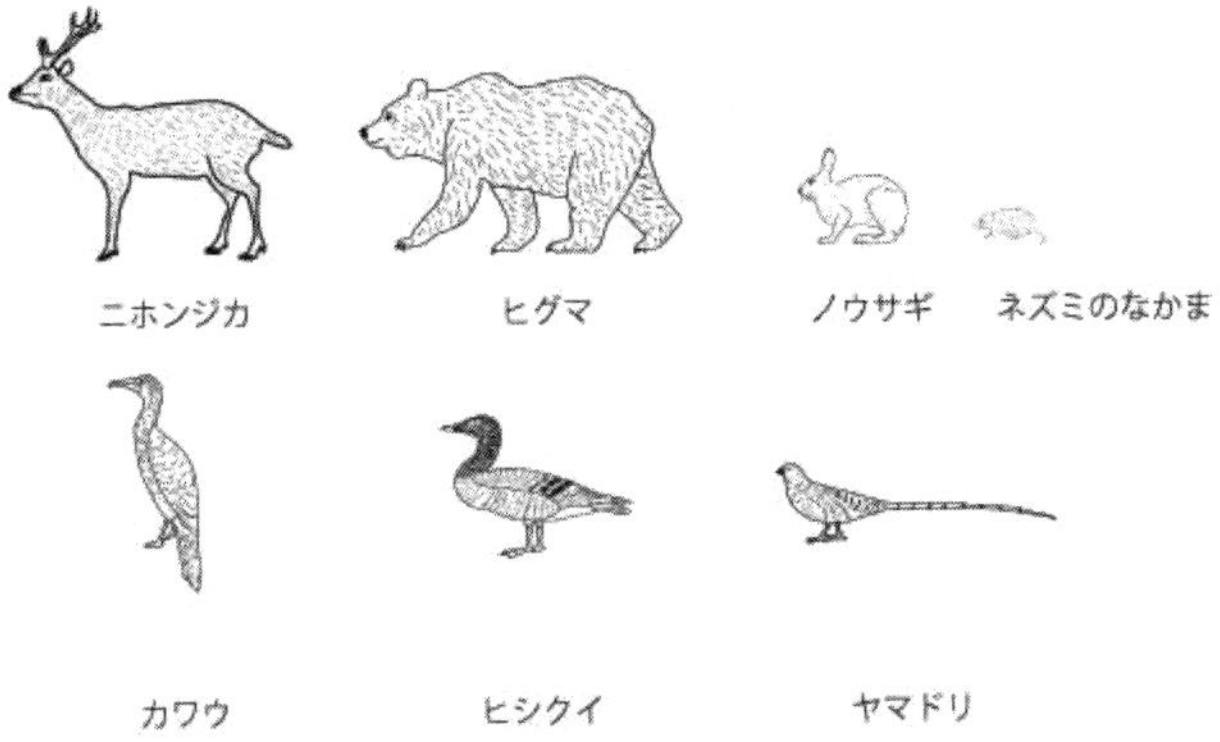
ニホンジカ
ヒグマ
ノウサギ
ネズミのなかま
カワウ
ヒシクイ
ヤマドリ
そのほかの動物化石

（3）そのほかの動物化石

見つかっている化石のほとんどは、ナウマンゾウとヤベオオツノジカです。そのほかに、数は少ないのですが、ニホンジカ、ヒグマ、ネズミ類、ウサギ、ヒシクイ、カワウ、ヤマドリの化石が見つかっています。

ニホンジカの足跡の化石が多く発見されているので、骨の化石で推定されるよりも多くのニホンジカが当時の野尻湖周辺には群れて生活していたと推定されます。現在の本州にはヒグマは生息しませんが、氷河時代の本州にはツキノワグマとヒグマが共存していたことがわかっています。野尻湖の標本では、腰の骨の一部が見つかっているだけですが、とても巨大で、体長2ｍぐらいのオスのものと考えられています。ネズミやウサギなどの小型哺乳類の化石は、発掘時にグリッドから直接発見されたか、または化石のクリーニング作業中に発見されたものです。カワウは潜水して魚を捕らえる鳥ですから、当時の野尻湖には魚がたくさんいたことがわかります。

コラム　化石の整理・整頓――MSさんの挑戦――

野尻湖から産出した化石のうち、骨化石だけでも2万点を超える膨大な数が見つかっています。毎回の産出化石が多いために、すべての骨片化石の処理に手が回っていませんでした。また、保管も主なものを除いては、発掘ごとにしか分けていませんでした。

哺《ほ》乳《にゅう》類《るい》グループのSMさんは、会社で在庫管理などを行なっていた人でしたが、野尻湖の化石がこのような状態だと知り、退職を機に今までの化石を処理し、整理することにしました。自宅に工房を作り、未処理の小骨片などをクリーニング・強化し、数年でその数は1万5000点におよびました。そればかりか、化石番号ごとに整理して収蔵し、どの棚のどの箱にあるのかすぐにわかるようにしました。

そのおかげで、散らばって産出しているごく小さな化石でもすぐさま比較研究できるようになったのです。

6 「野尻湖人」の痕跡《こんせき》を探る

人類考古グループ

(1) 発掘地は立が鼻遺跡

野尻湖からは哺乳《ほにゅう》動物化石とともに、石器や骨器などの人類が残した遺物が出土することから、発掘地周辺は立が鼻《たてがはな》遺跡と名付けられています。立が鼻遺跡は旧石器時代の遺跡であり、旧石器時代を前期と後期の二つに分けた場合、古い方に属します。しかし、前期旧石器時代が日本にはなかった、その時代には日本列島にはまだ人類がいなかったと考えている研究者もいます。ミトコンドリアDNA分析の成果によると、約4万年前に現代型人類であるホモ・サピエンスが日本列島に到達したのではないかと推定されているからです。それを裏付けるように、4万年前以降の後期旧石器時代の遺跡からたくさんの石器が見つかっています。

もし、約4万年前に日本列島にはじめて人類が到達したことが正しいとすれば、立が鼻遺跡で見つかった遺物はすべて自然にできたものと考えなければなりません。しかし、立が鼻遺跡で見つかっている石器と骨器は、ヒトの手が加わっているように見えます。ホモ・サピエンスの古いグループや、ホモ・サピエンスよりも古い人類（たとえばホモ・エレクトゥスの子孫など）が氷河時代の野尻湖にいて、ナウマンゾウを狩りしていたという可能性もあるのではないか、と考える人もいます。

（2）ヒトの痕跡を見極める——石器、骨器——

遺跡からの出土品の中でヒトの手が加えられたものを遺物と言いますが、野尻湖層からの出土品には石器、骨器と推定しているものがあります。考古学分野の出土品を担当する人類考古グループのメンバーは、これらの化石や岩石のかけらにヒトによる加工がないか、つまり遺物であるか否かをそれらの形や材質から判断します。岩石のかけらであれば、それらにヒトが意図的に割った打面や打点が見られるか、規則的に割った痕跡（剥離痕《はくりこん》）が見られるかなどを観察し、石器の可能性があるかどうかを判定します。また、岩石の種類から、自然状態で野尻湖にあるものなのか、自然では野尻湖に入り込む可能性が少なく、ヒトが持ち込んだ可能性があるものなのかを見極めます。たとえばチャートや黒曜石などの岩石は野尻湖の周辺にはありませんので、それらの岩石のかけらが野尻湖層から見つかれば、ヒトが持

石器の作り方（諏訪知栄子画）

ち込んだかも知れないと考えます。

ナウマンゾウやヤベオオツノジカの骨の化石も同じで、ヒトが意図的に割った特徴が見られるか、規則的な剥離痕が見られるかを確認します。大きな木の化石では、その表面に、石器で削ったような痕跡がないかを観察します。

(3)『野尻湖文化』

野尻湖から出土している遺物には、石器、骨器、木質遺物がありますが、石器は出土点数が少なく小さめで、明らかに狩猟具といえるものがありません。これに対し、骨器は大形で、狩猟具、解体具の両方がありますので、骨器によって特徴づけられる文化があったと考えられます。野尻湖発掘調査団は1984年に、これを「骨器と小形の剝片《はくへん》石器および縦長剝片によって特徴づけられる骨器文化」とし、「野尻湖文化」と呼ぶことにしました。しかし、現在までに、野尻湖と同じような遺跡は残念ながら他の地域では見つかっていません。それだけに、野尻湖は骨器がとけてしまわないで残されている、貴重な遺跡といえるのです。

文化と呼ぶには一定の広がりが必要で、同じような特徴をもつ遺跡がほかに見つかっていないので、考古学上の独立した「文化」を使うことはふさわしくないとの理由から、現在はこの時期の遺物の特徴を「剝片石器群・骨器群」としています。野尻湖にナウマンゾウがいた氷河時代に「野尻湖文化」

は存在したと私たちは考えていますが、この名称は同様の性質をもった遺跡が他の地域でも見つかるまでは使用しないことにしています。

（4）骨器の特徴

骨器は骨を素材にして作られた道具で、クリーヴァー、スクレイパー、ナイフ、尖頭器《せんとうき》、基部加工剝片、二次加工のある剝片の6点が出土しています。

クリーヴァーはナタ状の道具で、ナウマンゾウの左上腕骨からつくられています。左右の側面を連続した細かい剝離で整形した後に、上端部から斜め方向の打撃を加えて鋭い刃部を作り出しているのが特徴です。ヨーロッパやアフリカの前・中期旧石器時代の石器とよく似た形をしています。

スクレイパーはナウマンゾウの左脛骨《ひだりけいこつ》（すねの骨）に打撃を加えてはぎ取った薄い素材に、連続した剝離で片側の側縁に刃部を作り出したもので、動物の皮なめしの時などに脂肪を掻《か》きとる作業などに使われた道具と考えられています。

ナイフはナウマンゾウの長骨を素材とし、片側の先端部を薄く削って鋭い刃部を作り出しています。尖頭器は先端を細くしてヤリ状に整形されていて、狩猟具として使われたものと考えています。

基部加工剝片と二次加工のある剝片はくっつく（接合する）ことが分かり、これをつくった過程を推定することができました。まず、骨のかけら（剝片）に平坦な剝離を加えて外側の一側縁を整形した後、骨の内面の真ん中に打撃を加えて二分割にします。その後さらに基部加工剥片は内面側に剥離を行なって形を整えているのです。

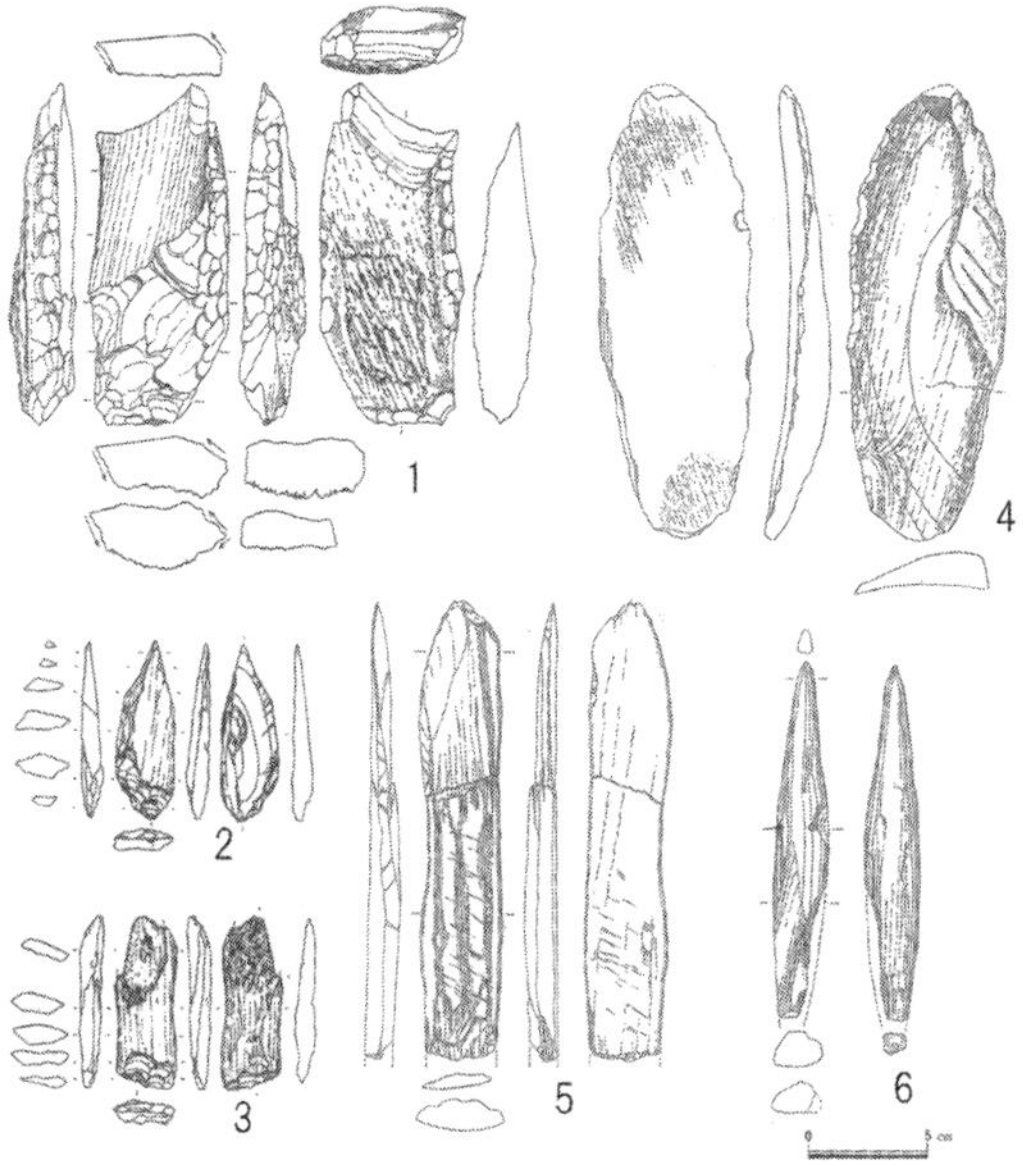

立が鼻遺跡出土の骨器の実測図（展開図）
1、クリーヴァー、2、基部加工剥片、3、二次加工のある剥片、4、スクレイパー、5、ナイフ、6、尖頭器

（5）石器の特徴

石器は金属製の刃物が使われる以前、切ったり、刺したりする道具として使われたものです。ですから石器の材料になる石はガラスのように割れ口が鋭くなるものでなければなりません。このような石器に適した石は自然状態で野尻湖周辺には分布しませんので、非在地石材と呼んでいます。この非在地石材でつくられた石器が野尻湖で見つかれば、それはヒトが他の地域から野尻湖へ持ち込んだ可能性が高いと考えられるのです。

これまでに非在地石材でつくられた石器が12点あり（次ページの図）、石の材質の内訳は

野尻湖層から出土した石器

無斑《むはん》晶《しょう》質安山岩6点、チャート2点、碧玉《へきぎょく》3点、黒曜石1点です。道具としての種類（器種）の内訳は、微細剝離痕のある剝片2点（1・2）、コアスクレイパー1点（10）、石核《せっかく》2点（9・11）、二次加工剝片1点（5）、スクレイパー1点（12）、剝片5点（3・4・6・7・8）で、次のような技術的な共通点が見られます。①自然面（原石の表面）が残されているものが多いこと、②剝片は幅広の縦長剝片か横長剝片で、石器の打点からの長軸の長さが幅の2倍以上あるような石刃《せきじん》状のものはないこと、③無斑晶質安山岩製の石核に山形の打面を作り出した後、その頂点付近を加撃して小形の横長剝片を剝離すること。また、石器や骨器づくりの際にハンマーとして使われたと考えられる「たたき石」には、花崗《かこう》岩《がん》製のものがいくつか見つかっています。在地石材を素材とした資料については石器（人工品）か自然石かの判断がつきにくいものが多くあり、これらを判断する方法を見

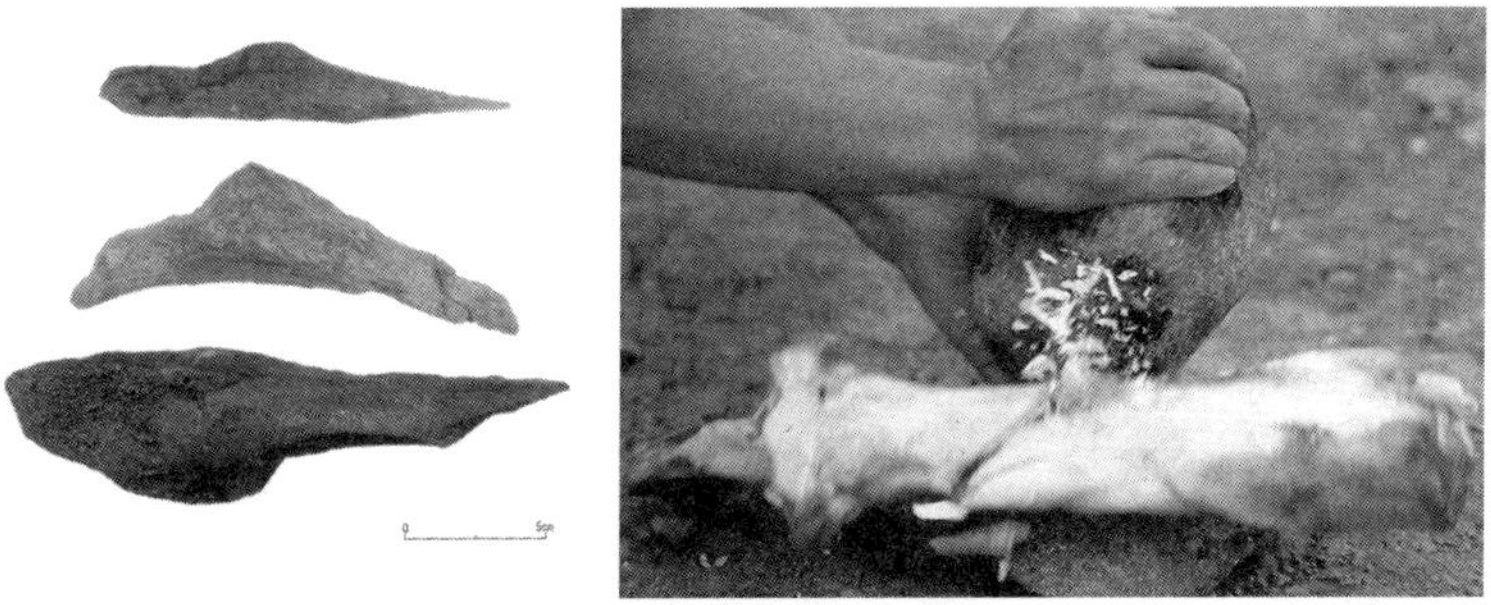

野尻湖出土のスパイラル剝片と骨割り実験（スパイラル剝片ができる）

つけることが課題となっています。

（6）スパイラル剝片と木質遺物の特徴

野尻湖からは螺旋状《らせんじょう》の割れ口をもつ骨片も多数出土します。このような骨片はスパイラル剝片と呼ばれていて、特にヤベオオツノジカの割れた骨によく見られます。牛の大腿骨《だいたいこつ》を割る実験を行なったところ、骨の真ん中に石をたたきつけて一点に打撃を加えると螺旋状に割れ、スパイラル剝片ができることがわかりました。スパイラル剝片の出土は、ヒトが骨を割り、骨髄《こつずい》を取り出したり、とがった先端を狩猟具として使った有力な証拠と考えています。

また、ヤリのような形をした木製の遺物も見つかっています。とがった先端が石器などで削られたものと判断できなかったため、ヤリ状木質遺物と呼んでいます。当時の人類が道具として木を利用していたことは十分に考えられますので、木が出土した際には注意して観察する必要があります。

7　氷河時代の環境を探る

植物グループ

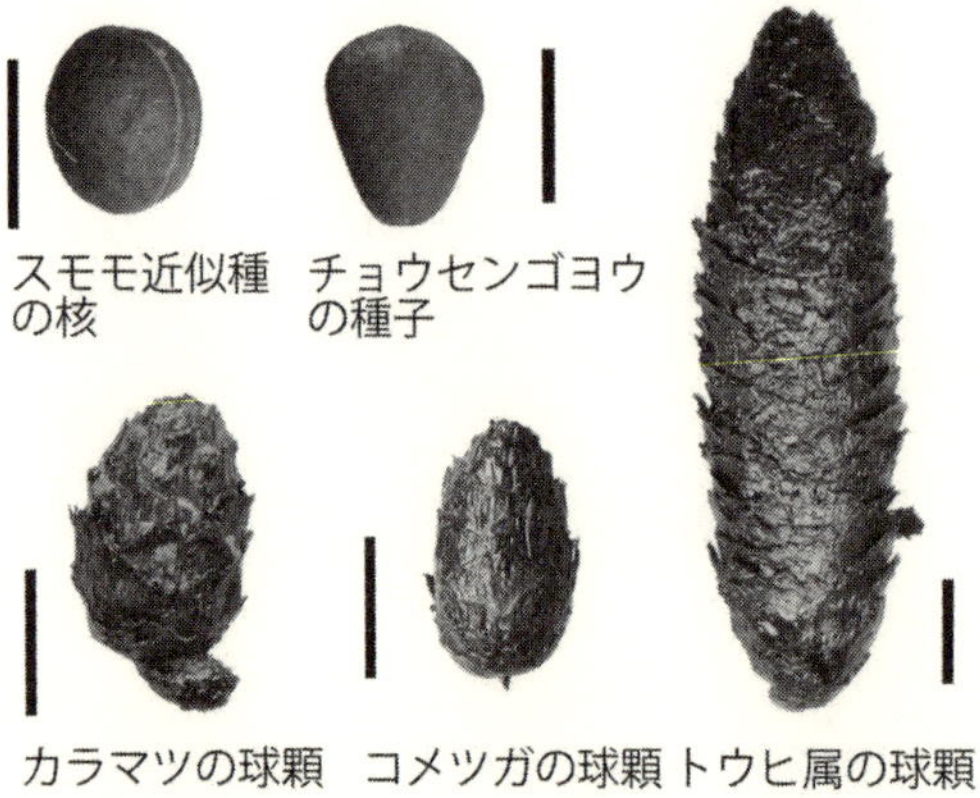
スモモ近似種の核
チョウセンゴヨウの種子
カラマツの球顆
コメツガの球顆
トウヒ属の球顆

野尻湖産の代表的な植物化石（スケール1cm）

この本の名前に「氷河時代」という言葉が使われているように、野尻湖にナウマンゾウがいた時代は、現在よりも寒かったということがわかっています。でもどうしてそんなことがわかるのでしょうか？　野尻湖層には、古環境を推定するために役に立つ化石が含まれています。それらは、貝や昆虫、植物の種といった小さな化石や目には見えない珪藻や花粉の化石です。古環境を教えてくれるこうした化石のことを、示相《しそう》化石と呼んでいます。

（1）植物化石を鑑定するには

発掘をしていると、小さな樹木の枝や幹の破片がたくさん見つかります。残念ながらこういった植物化石から樹木の種類を特定することは難しいのですが、球《きゅう》顆《か》（松ぼっくり）や種《たね》、葉っぱの化石も見つかります。こちらは、現在の植物と比較することで化石として見つかる植物の種類を決めることができます。ですから、植物化石の研究をするためには、現在の植物のことを良く知っている必要があります。植物グループでは、さまざまな場所で植物を観察し、たくさんの植物標本を作っています。

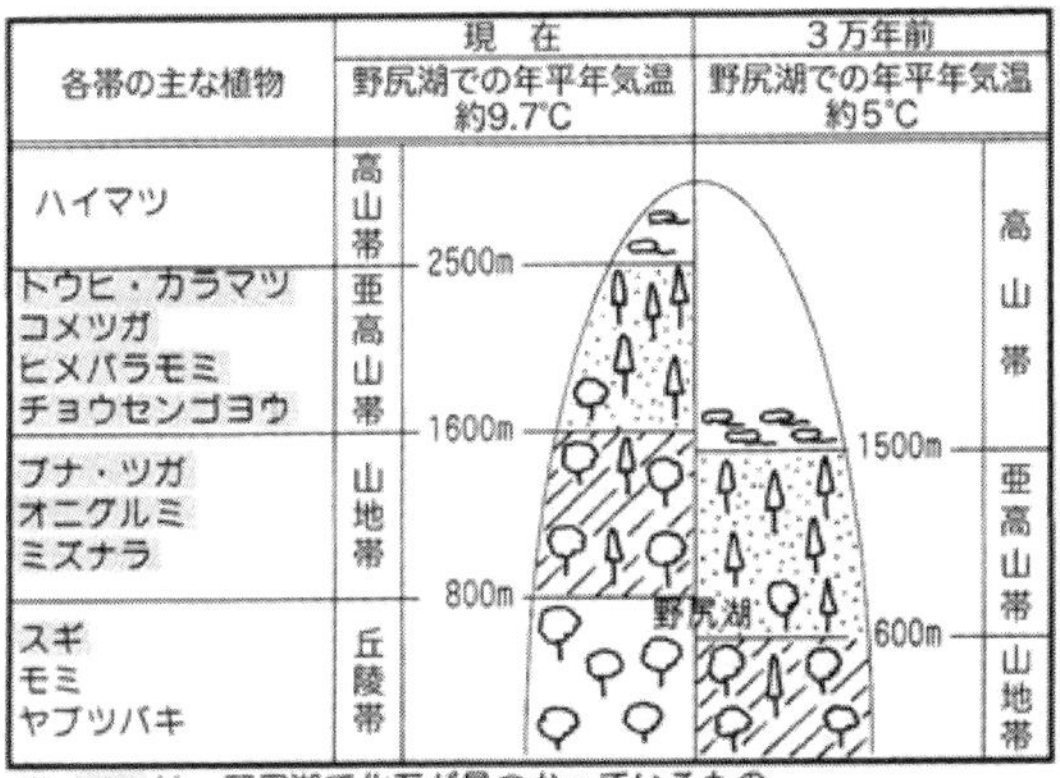
各帯の主な植物
現在
野尻湖での年平年気温
約9.7℃
3万年前
野尻湖での年平年気温
約5℃
ハイマツ
トウヒ・カラマツ
コメツガ
ヒメバラモミ
チョウセンゴヨウ
ブナ・ツガ
オニグルミ
ミズナラ
スギ
モミ
ヤブツバキ
高山帯
亜高山帯
山地帯
丘陵帯
2500m
1600m
800m
1500m
600m
野尻湖
高山帯
亜高山帯
山地帯
※ は、野尻湖で化石が見つかっているもの

標高による植物の変化

野尻湖層から見つかっている植物化石は、ヒメバラモミ、コメツガ、チョウセンゴヨウ、カラマツといった針葉樹（亜寒帯林の植物）やブナ、ハシバミ、オニグルミなどの広葉樹（冷温帯林の植物）のほか、ミツガシワやイバラモなどの水草の種も見つかっていて、全部で37科54属67種の植物が同定されています。

（2）ヒメバラモミの球顆（松ぼっくり）

野尻湖層からはヒメバラモミの球顆が化石として見つかっています。現在、ヒメバラモミは八ヶ岳と南アルプスの一部、標高1000～2000mの場所に生育しています。

これに対して野尻湖の標高は657メートルしかありません。これはどういうことなのでしょうか？標高が高くなるほど気温は低くなりますから、ナウマンゾウがいた頃の野尻湖は、現在の冷温帯から亜高山帯と同じくらい寒かったと考えられます。

野尻湖層から見つかる植物化石を詳しく調べると、ずっと同じ種類の植物が見つかるわけではなく、地層ごとに変化していることがわかってきました。このことは、野尻湖周辺の環境が一定ではなく、温かくなったり寒くなったりと変化を続けてきたことの証拠だと考えています。昆虫化石や花粉化石でも、この変化の様子がわかっています。

（3）スモモに似た種の化石のナゾ

野尻湖層からは、現在のスモモの核に良く似た化石がたくさん見つかります。核とはかたい殻におおわれた種子《しゅし》（タネ）のことです。日本ではスモモの化石は旧石器時代や縄文時代の地層からは見つかっておらず、弥生時代に中国から入ってきたと今のところ考えられています。しかし、野尻湖層から見つかるスモモの核に良く似た化石は、約6～4万年前の化石であり、縄文時代よりもずっと古いのです。野尻湖のスモモは、いったいどこから来たのでしょうか。これも解き明かしたいナゾの一つです。

8　野尻湖層から見つかる昆虫化石

昆虫グループ

野尻湖産の昆虫化石（オオミズクサハムシの翅）

（1）昆虫化石のさがし方

昆虫なんて化石で見つかるの？　と思うかも知れませんが、現在の昆虫がまぎれ込んだのではないか、というくらい美しい状態で地層の中に保存されています。金属のような独特の光沢《こうたく》があるので、地層の中できらりと光ります。残念ながら1匹分丸ごと化石として見つかることはまずなく、バラバラの破片として見つかります。とても小さくて軽いので粗い砂や礫の地層からはあまり見つからず、泥層や泥炭層など水の流れがあまりないところにたまる地層に含まれています。

発掘中に見つかることもありますが、試掘溝やポンプ穴から掘った泥や泥炭のかたまりを細かく割っていく「ブロック割り」という作業で、見つかることが多いです。発見される昆虫化石のほとんどは体の一部であるため、その昆虫化石の種類を決めるためには、足や胸、羽などのパーツごとの形状をよく知っていないといけません。そこで、昆虫グループでは、せっせと昆虫採集をして、バラバラにしてパーツごとの特徴を理解するという地道な努力を続けています。

その甲斐があって、これまでたくさんのネクイハムシ類やゴミムシ類が化石として見つかっています。その他にもゲンゴロウ類やガムシ類といった水生甲虫や動物のフンを食べるコガネムシ類、動物の死体を食べるシデムシ類も発見されています。

（2）ネクイハムシ類からわかる古気候

野尻湖層とその下位の琵琶島沖層《びわじまおき》からは、これまでに7種類のネクイハムシ類が見つかっています。野尻湖層のほとんどの地層からヒラタネクイハムシとオオミズクサハムシが見つかっています。この2種のネクイハムシは現在の野尻湖よりも標高の高い冷涼な気候に生息する昆虫なので、当時の野尻湖は現在よりもやや寒かったと考えられます。

さらに、アシボソネクイハムシが約3～2万年前の地層から見つかりました。この種は現在では標高2000m以上の高山に生息しているので、約3～2万年前は野尻湖に記録された7万年間のうちではもっとも寒い時代だったのでしょう。

9　貝化石の同定は難しい……

貝類グループ

野尻湖産のヨコハマシジラガイの化石
スケール1目盛り1mm

野尻湖発掘では地層の中から淡水に住む二枚貝の化石がたくさん見つかっています。１９７５年に発表された研究成果では、これらの二枚貝の化石はイシガイとされていました。しかし、１９８０年からは、それまでに見つかっていたものも含めて、マツカサガイと呼ばれるようになりました。さらに、２０１４年以降、野尻湖発掘で見つかったほとんどの二枚貝化石は、ヨコハマシジラガイであると同定されるようになりました。

同じ化石のはずなのにコロコロ名前が変わりますから、頭がこんがらがってしまいます。なぜこんなことが起こったのでしょうか。イシガイもマツカサガイもヨコマハシジラガイもイシガイ類という仲間で、互いによく似ていて、生息する地域によって変異が大きいため、名前を決めるのがとても難しい種類なのです。イシガイ、マツカサガイ、ヨコマハシジラガイは、現在も湖沼や流れのゆるやかな水路などに住んでいて、１９８０年以降、現生種の区分の見直しが進められています。その見直しにともなって、野尻湖で見つかった化石種も分類の見直しが進められて、名前が変化してきたのです。ナウマンゾウやヤベオオツノジカと違い、現在まで生き残っている生き物ですが、まだまだ分かっていないこともあるようです。

ちなみに野尻湖発掘では、ヨコハマジシラガイのほかに、イシガイ、ヌマガイ、マシジミ、カワニナ、モノアラガイ、マルタニシなどの淡水生の貝化石が見つかっています。

10　野尻湖層からもっとも多く取り出された化石は？　花粉グループ

（1）花粉化石は語る

ナウマンゾウでもヤベオオツノジカでもありません。それは花粉の化石です。なんと、５００万個以上の花粉化石が野尻湖層から取り出されています。

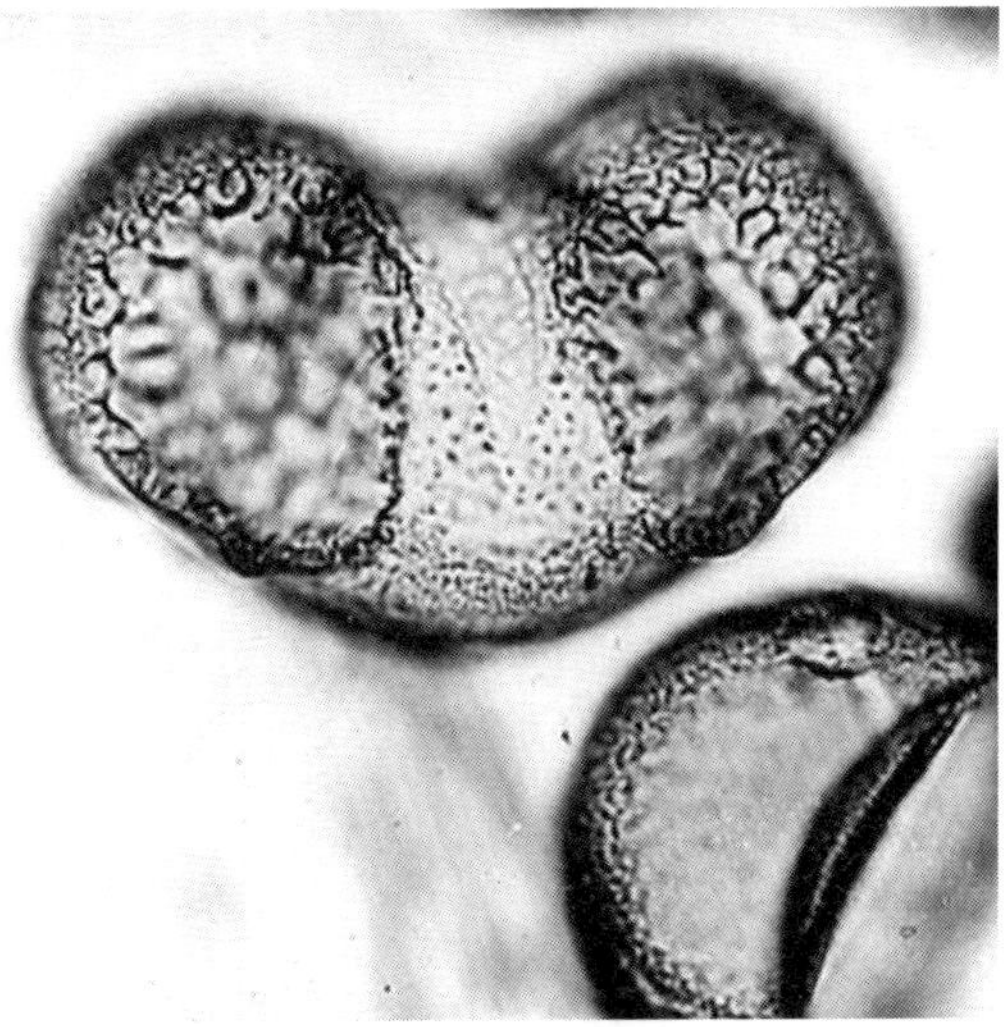

ゴヨウマツの花粉化石の顕微鏡写真

「花粉なんて化石になるの?」と疑問に思うかもしれませんが、地層の中に残っているのです。花粉は風や昆虫に運ばれて、めしべにたどり着きます。運ばれている間に、細胞が死んでしまっては種《しゅ》子《し》をつくることができません。そこで、花粉の細胞は、とてもじょうぶな膜で包まれています。このため、化石として残るのです。花粉の形は植物の種類によって違うので、地層から取り出して、顕微鏡で調べると、当時どんな植物が野尻湖の周辺に生育していたのかを知る手がかりになります。

こうやって書くと簡単そうに思えますが、そうは問屋がおろしません。どの植物がどんな形の花粉をつくるのかを知っていなければ、地層の中の花粉化石から植物名を決めることはできないからです。そこで花粉グループでは、現在の植物の花から花粉を採取して、プレパラートを作成し、その形を調べることもしています。

(2) 花粉化石から見た過去7万年間の気候

ナウマンゾウやヤベオオツノジカの化石が見つかる立が

鼻砂部層T2〜T5ユニットの花粉化石は、マツ属・トウヒ属・ツガ属などの亜寒帯の針葉樹とブナ属・コナラ亜属・ニレ属―ケヤキ属などの冷温帯の落葉広葉樹の花粉化石が多く、冷温帯でも寒さに強いカバノキ属やハンノキ属の花粉化石が見られます。つまり、ナウマンゾウが野尻湖にいた時代は、現在の北海道と同じような冷温帯から亜寒帯の気候で、現在よりも寒い時代だったのです。

しかし、森のようすはずっと同じではなく、ゆるやかな気候の変化があったと考えられ、針葉樹の花粉が多くなる時代には一時的に寒くなり、反対に少ない時代には寒さがゆるむといったくり返しがあったようです。さらに、野尻湖層に記録された7万年間には、とても寒い時期が2回あったこともわかりました。1回目は約7万前〜6万年前、2回目は約2・5万年前〜2万年前です。特に2回目の寒冷期は過去7万年間のなかでもっとも寒く、このことはアシボソネクイハムシの化石が発見されていることからも裏付けられています。

地　層		鍵層	花粉帯	亜帯	古植生：古気候	万年前
野尻湖層	芙蓉湖砂シルト部層		マツ属（二葉松類）ースギ帯		二次林と植林	0
		黒ヌカ (K-Ah)	ブナ属ーコナラ亜属帯	ブナ属ースギ亜帯 コナラ亜属ースギ亜帯 コナラ亜属ークマシデ属亜帯 コナラ亜属ークマシデ属ークルミ属・サワグルミ属亜帯 ブナ属ークルミ属・サワグルミ属亜帯	冷涼・多雨 温暖・多雨 冷温帯落葉広葉樹林	1
			トウヒ属ーモミ属ーツガ属帯	コナラ亜属ーブナ属ー五葉松類亜帯 モミ属ー五葉松類亜帯 カバノキ属ーハンノキ属亜帯		
				トウヒ属ーモミ属亜帯	著しく寒冷・乾燥 稠密な亜寒帯針葉樹林	2
				カバノキ属ートウヒ属亜帯		
		ヌカⅠ (AT)	コナラ亜属ーブナ属帯	カバノキ属ーハンノキ属亜帯 コナラ亜属ーブナ属亜帯 ツガ属ー五葉松類亜帯	温暖・多雨 冷温帯落葉広葉樹林	3
	立が鼻砂部層	上Ⅰ ピンク 黄クロ 赤スコ ニセノミ 青ヒゲ	ツガ属ートウヒ属帯	カバノキ属ーハンノキ属亜帯 コナラ亜属ーブナ属Ⅱ亜帯 カバノキ属亜帯 コナラ亜属亜帯 ツガ属亜帯 コナラ亜属ーブナ属Ⅰ亜帯 ツガ属ートウヒ属亜帯	疎林 冷温帯針広混交林	4
	海端砂シルト部層	粉アズキ ブレッチャーゾーン	トウヒ属ーブナ属帯	五葉松類ーツガ属亜帯 ツガ属ーコナラ亜属亜帯 ツガ属ーブナ属亜帯 ブナ属亜帯 コナラ亜属Ⅱ亜帯 カバノキ属亜帯 コナラ亜属Ⅰ亜帯	マツ科針葉樹の疎林 冷温帯針広混交林 草地の拡大 針葉樹の混じる冷温帯落葉広葉樹林 冷涼・乾燥	5
		三点セット 黄ゴマ (DKP)	カラマツ属ーカバノキ属帯	五葉松類ートウヒ属亜帯 カラマツ属亜帯	寒冷・乾燥 冷温帯北部針広混交林	6
	貫ノ木シルト部層	白ツブ	マ　ツ　科　帯		著しく寒冷・多雪 亜寒帯針葉樹林	
琵琶島沖層			スギ帯	モミ属亜帯 トウヒ属亜帯	次第に寒冷化 著しく多雨・多雪 冷温帯針葉樹林	7
		ドゲヌカ (Aso-4)		クルミ属・サワグルミ属亜帯 コナラ亜属ーブナ属亜帯	冷温帯落葉樹林	8
				ヒノキ亜帯 コナラ亜属ークルミ属・サワグルミ属亜帯	冷温帯針広混交林	

花粉化石による花粉分帯と古植生

11　珪藻《けいそう》とは

珪藻グループ

（1）珪藻も化石になる

珪藻は、海、川、湖や水たまりなど、世界中の水があるところならどこにでも生息する微生物で、光合成をして酸素を出します。川や池で表面が茶色くなってぬるぬるとした石を見たことがありませんか？　表面のぬるぬるしたもののほとんどが珪藻です。石などにくっついて生活するものもいれば、水の中をただよいながら生活するものもいます。

現在の野尻湖にも、たくさんの珪藻が生活しています。湖底の石の表面や水の中から採取して顕微鏡で見ると、さまざまな種類の珪藻を観察することができます。珪藻はその名の通り珪酸質（ガラスと同じ成分）の丈夫《じょうぶ》な殻を持っているため、化石として残りやすいことも特徴です。最近は見かけなくなりましたが、サンマなどを焼く七輪は、珪藻化石のかたまりである珪藻土で作られています。7万年間、湖であり続けた野尻湖には、7万年分の珪藻化石が残っているはずです。これを調べているのが珪藻グループです。

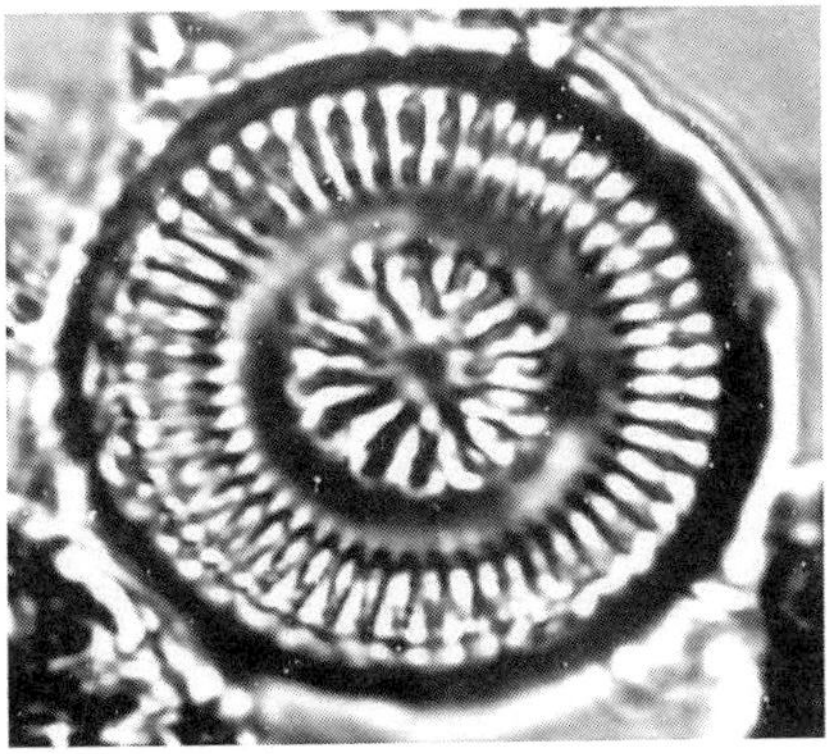

10μm

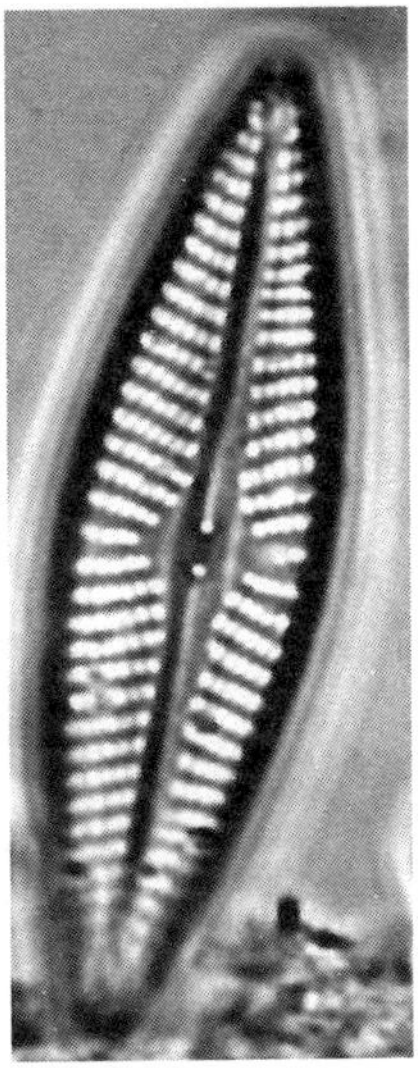

10μm

野尻湖層産の代表的な珪藻化石の写真
左：キクロテラ（ヒメマルケイソウ・タイコケイソウ）属
　浮遊性で湖沼の沿岸に出現します
右：ナビクラ（フネケイソウ・フナガタケイソウ）属
　付着性で湖沼や川などいろいろな環境に出現します

（2）珪藻化石からわかること

珪藻は、水の汚れ具合によって生息する種類がちがうので、住んでいる種類の組み合わせで、水質判定に利用されることがあります。また、水中を漂いながら生活するもの（浮遊性種）、水草や砂、石の表面にくっついて生活するもの（付着性種）など、生活スタイルも種類によってさまざまです。付着したり浮遊したりしている場所についても、水深が浅いところ、深いところ、水の流れがあるところ、ないところとさまざまです。

珪藻は、種類によって生活する水の環境が異なるので、野尻湖層の中から珪藻化石を取り出して、どんな種類の珪藻が含まれているのかを調べると、ナウマンゾウやヤベオオツノジカが生きていた頃の野尻湖の水質や水の流れ、湖底の様子などがわかります。野尻湖層からは、水底の石や砂、水草などに付着して生活する種類が多く見つかります。約7万～3万年前にかけて珪藻化石の種類は変化していますが、湖は浅くなったり深くなったりしていたようで、発掘地も河口や湖岸など様々な環境に変化していたと考えられます。

12　生活の痕跡《こんせき》を復元する

生痕《せいこん》グループ

(1) 生痕化石とは?

化石には、ナウマンゾウやヤベオオツノジカの骨や植物、昆虫、貝などのように、生物の体が化石になった物以外に、生活の痕跡の化石があります。昆虫などの巣穴、貝のはい痕、糞《ふん》、足跡などです。これらを「生痕化石」といいます。

骨などの化石は、水の流れなどによって運ばれて、生きていた所とはちがう場所で地層に埋もれることもありますが、巣穴や足跡の化石は、運ばれることは普通ありません。つまり、「その場所に生き物が生活していた確実な証拠」になるわけです。

（2）4・9万年前の足跡を追う

「雪の朝　二の字二の字の　下駄の跡」（田《でん》　捨女《すてじょ》）という有名な句がありますが、これと同じように、4・9万年前のナウマンゾウも、野尻湖層にその足跡を残しました。

1984年の第9次野尻湖発掘の時、U3ユニットの「粉アズキ」火山灰層上面から、直径が40㎝ほどの多くの凹《へこ》みが見つかりました。1987年の第10次発掘では、それらの凹みが「足跡化石」である可能性が指摘されましたが、くわしい検討は次の第11次発掘に持ち越されました。第11次発掘では、凹みを解明するため特別に「足跡古環境班」が結成され、足跡化石と認定するにあたって、①それぞれの凹みの形態はどのようなものか（平面の形や大きさ、蹄《ひづめ》などの形が認められるかどうか）②前《ぜん》肢《し》跡や後肢《こうし》跡がいっしょにあるか、その位置関係はどうか。③平面や側面の形態は、足の形態および運動に対応しているかどうか。④凹みの直下の地層に変形はあるか。⑤左右の足のならび（行跡《こうせき》）は確認できるか、歩幅はどのくらいか。の五つのポイントを確認しました。

ナウマンゾウ足跡化石の分布

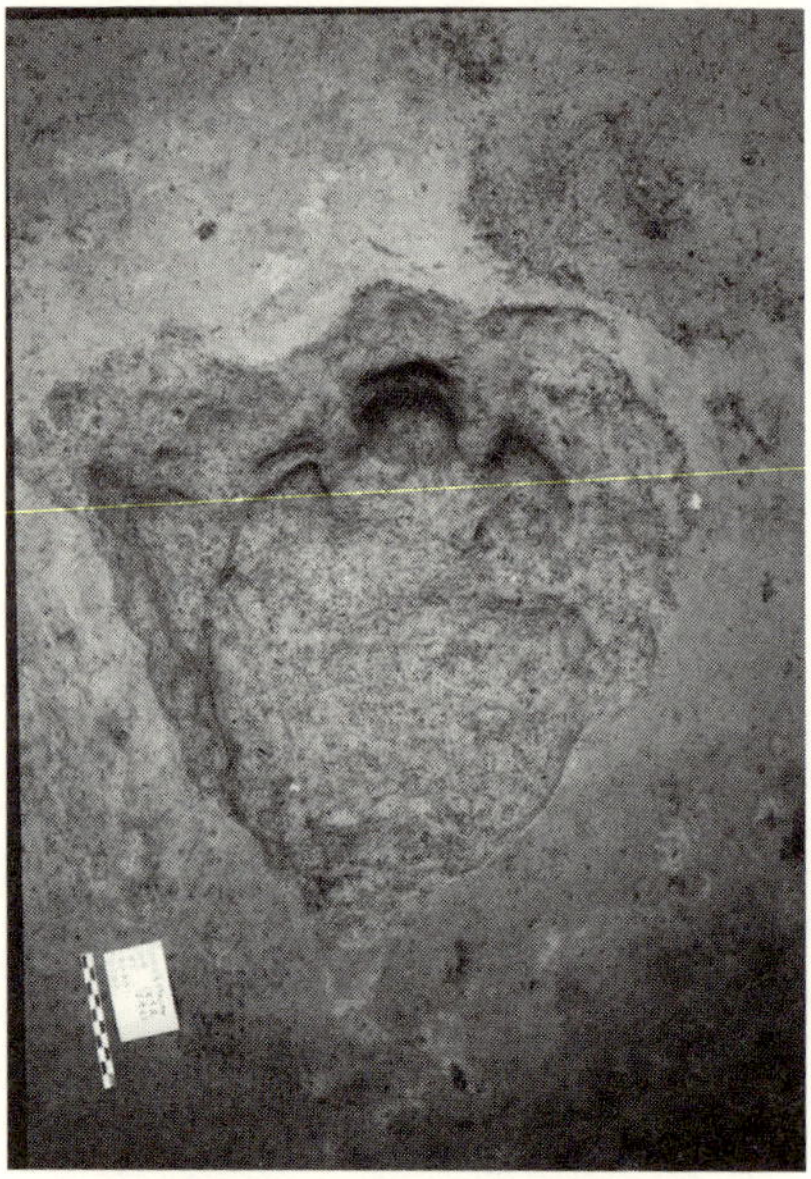
代表的なナウマンゾウの足跡化石

（3）凹みに挑む

火山灰層の上に自分の足跡がつかないように、特別班のメンバーは長靴を脱いで厚い靴下をはき、その上にビニール袋をつけ、この凹みに挑みました。設営班によって、暗くなっても調査が続けられるように、照明用のライト付きのドーム状簡易テントも張られました。

凹み一つひとつに番号をつけ、その形と位置を平面図に書き込みます。それから、一人ひとつの凹みを担当し、調査がはじまりました。スプーンにヤスリで刃をつけた自慢の道具を手に、ラミナごとに慎重に掘り進めます。細かな作業ですので、とても時間がかかります。作業は簡易テントのおかげで暗くなっても順調にすすみ、ついに蹄の形がはっきりとわかる足跡が発見されました。全部で約１００個の凹みを発掘した結果、足跡化石認定の五つのポイントをすべて満たす「ナウマンゾウの足跡」が確認されました。

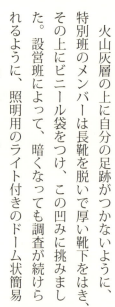

（4）足跡化石からわかること

足跡の化石は、足跡がつけられた4・9万年前からずっと「同じ場所」にあります。ですから、ナウマンゾウがその場所を歩いていたことは間違いありません。さらに、野尻湖層の堆積した時期には、水位が上昇したり一時的に干上がったりしていたことがわかっています。乾燥した陸上や水の底には、足跡はほとんど残りません。足跡がついた場所は、「水ぎわ」であったと思われます。

その後の発掘で、上位のT4ユニットからも「大型偶蹄類」の足跡化石が発見されました。そこにも地表面である生活面があり、「野尻湖人」が狩りをしていたかもしれません。狩りをする時、走ったり、転んだり、手をついたかもしれません。いずれ、地層の中に「野尻湖人」の足跡や手のあとが見つかる日が来るかもしれません。

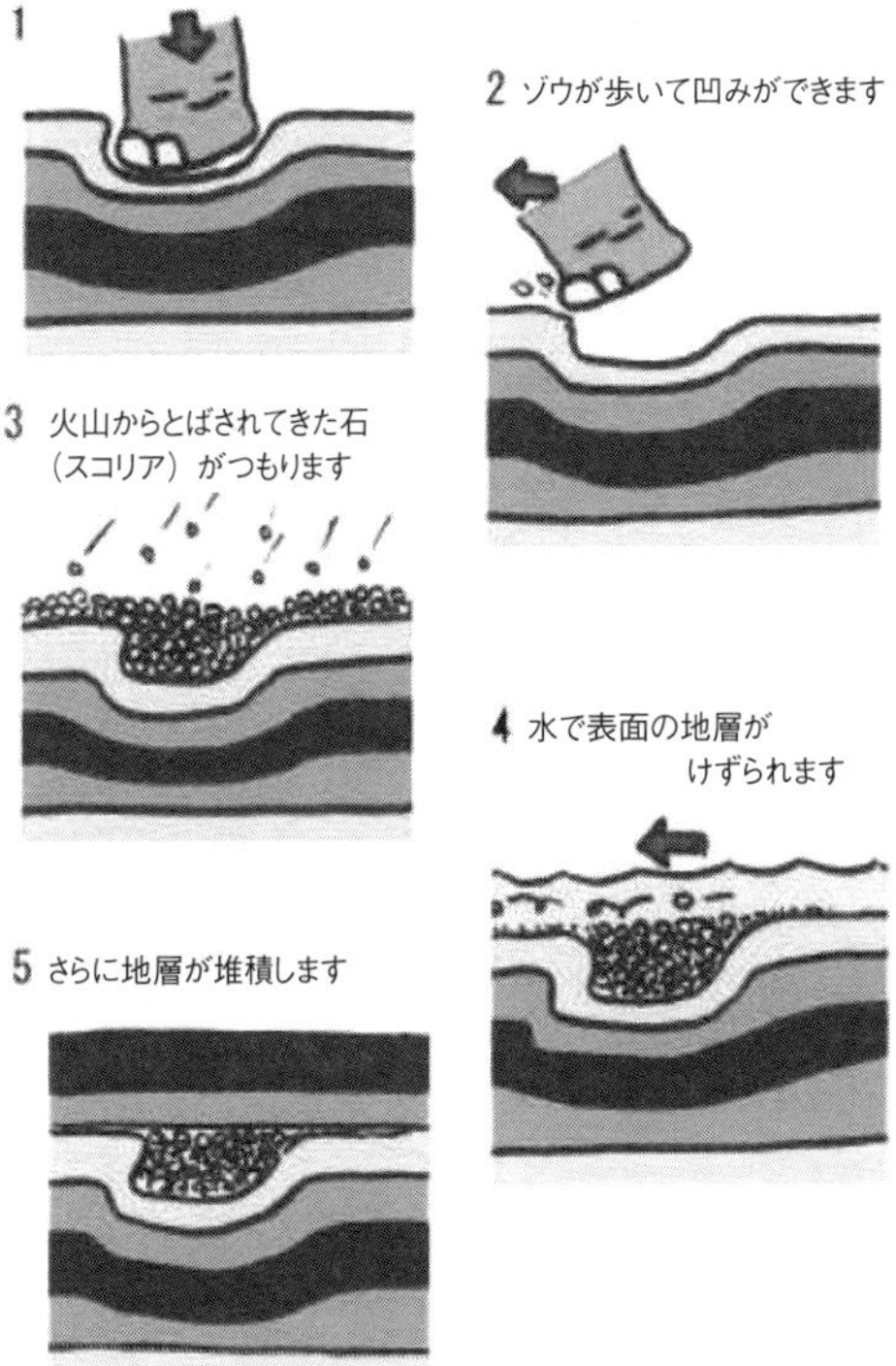

ナウマンゾウ足跡化石のでき方

もっと詳しく知りたい方へ　氷河時代

(1) 氷河時代はどういう時代?

「氷河時代」というと、どのようなイメージをもつでしょうか。一面の銀世界や氷におおわれた地球をイメージする人。雪原の中をマンモスやオオツノジカが歩いているようすをイメージする人もいるかもしれません。

地球の歴史の中でもっとも新しい時代である第四紀は、約２６０万年前に始まり、氷河が大陸をおおった氷河時代です。氷河時代の中で、特に寒くて氷河が拡大した期間を「氷期」、寒さがやわらいで氷河が縮小した期間を「間氷期」と呼びます。最後の氷期が終わった約１・２万年から現在までは比較的温暖な時期で、後氷期と呼ばれています。

間氷期には氷河は縮小し、融けた水が海に流れこむことで海水面が上昇します。一方、氷期には氷河が拡大し、海水面は低下します。野尻湖のナウマンゾウやオオツノジカなどの動物は、海水面が下がった時期に日本列島とアジア大陸をつなぐ陸橋を渡ってきたと考えられています。

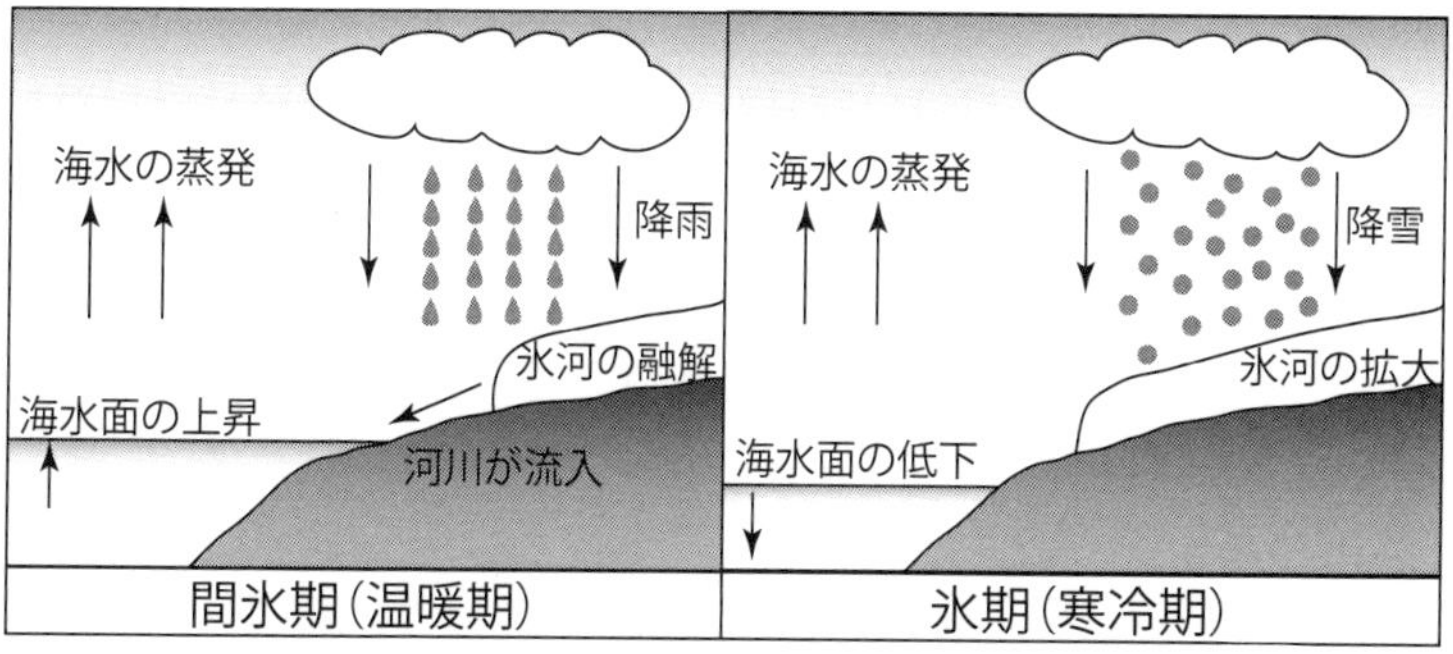

温暖期と寒冷期

（2）寒い時代を示す証拠

野尻湖の発掘でも、花粉や植物、昆虫化石から過去の気候変化の様子が調べられてきました。間氷期には、逆に北へと戻っていきます。こうした寒冷地の生物が、寒い高山などにポツリととり残される場合があります。ナキウサギやライチョウ、高山植物などはこの例で、これらは、氷期のレリック（遺存種）と呼ばれています。同じように、この本でも紹介したミツガシワは亜寒帯を代表する植物で、氷期に南の方まで分布を広げました。現在の野尻湖周辺のミツガシワは、暖かくなった後に同じ場所で生き残った、氷期のレリックです。

氷河の拡大・縮小の様子は、氷河地形にも残されています。氷河に削られると、カールやU字谷などと呼ぶスプーンでえぐられたような地形ができます。日本アルプスや日高山脈には、カールが残されています。削り取られた岩石は氷河の端や末端に堆積し、モレーンと呼ばれる地形を作ります。

（3）気候変動を推定する

グリーンランドや南極の氷河に閉じ込められた過去の大気や、深海底のボーリングコアの分析によって気候変動の様子が調べられています。また、福井県にある水月湖《すいげつこ》の湖底堆積物には、季節ごとに堆積物が変化してできる年縞と呼ばれる縞模様があります。これらを数えると、数値年代が正確にわかります。約7万年分の連続した堆積物には花粉や黄砂、火山灰などが含まれており、精度の高い放射性年代測定と気候変化の、世界的な指標の一つになっています。

深海底のボーリングコアの酸素同位体比の分析結果は、気候変動の様子を示していると考えられています。酸素には、^{16}O、^{17}O、^{18}Oの三つの安定同位体が存在します。水分子はH_2Oですが、軽い酸素^{16}Oからなる水分子は蒸発しやすく、重い酸素^{18}Oからなる水分子は蒸発しにくく海水中に残されやすい性質があります。氷期には、氷河が発達し、海水中の重い酸素^{18}Oの割合が増えます。間氷期には、氷河が解けて海水中の軽い酸素^{16}Oの割合が増えます（前ページ図参照）。

過去の海の酸素同位体比は、ボーリングコアに含まれる有孔虫化石の殻に記録されています。有孔虫の殻の炭酸カルシウム（$CaCO_3$）は、海水を元に作られていますので、その酸素同位体比の変化から、過去の海水量の増減、すなわち氷河の拡大・縮小が推定できます。深海底のコアは連続した堆積物なので、変化の様子が途切れなくわかりました。

酸素同位体比の変化曲線のピークをもとにして、寒い時代と暖かい時代をわけたものが、海洋

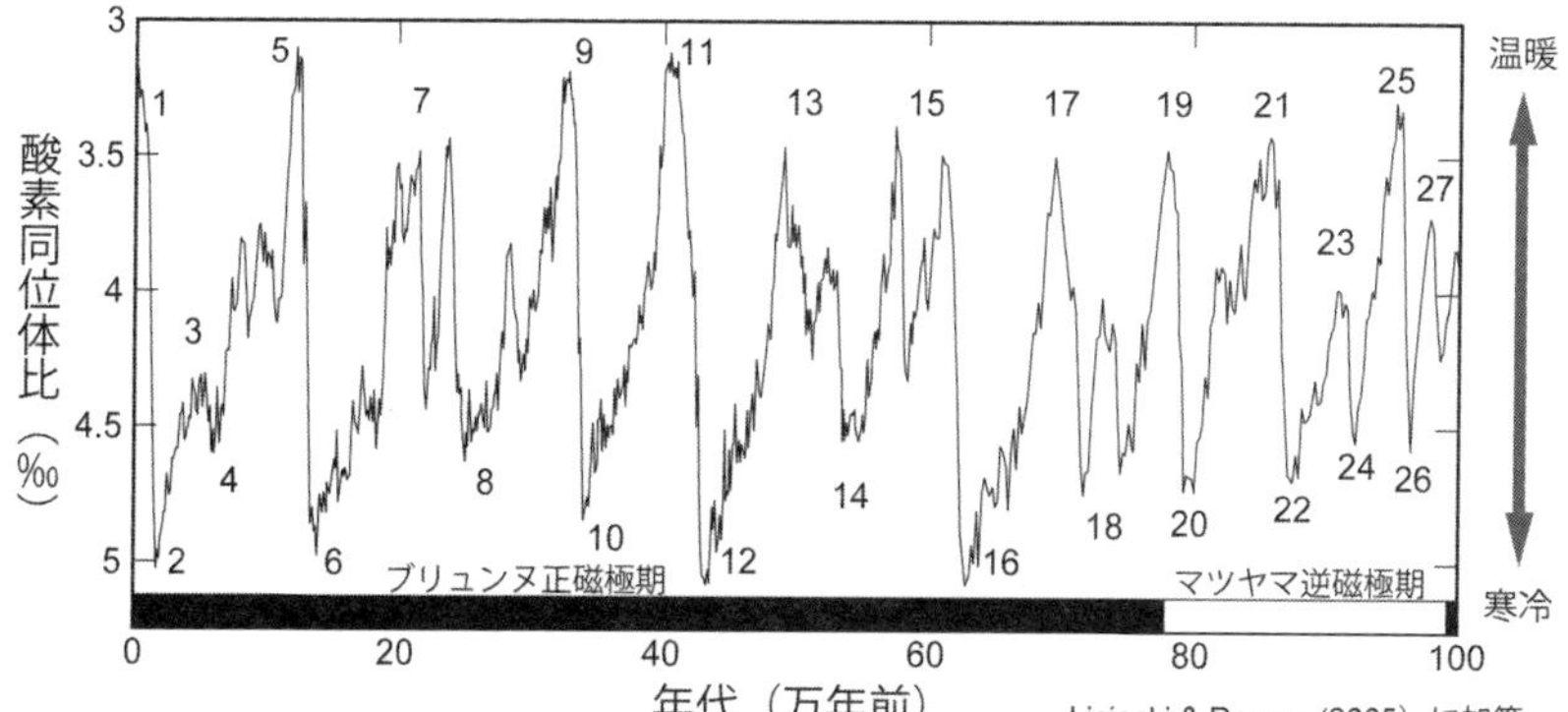

Lisiecki & Raymo (2005）に加筆

酸素同位体ステージ（Marine isotope stage：MIS）です。奇数が温暖、偶数が寒い時代を表し、数字が大きくなるほど古い時代になります（上の図）。

（4）気候変動の原因

気候変動の主要な原因の一つは、地球の公転や自転の変化による、日射量の変化だと考えられています。それは、①公転軌道の離心率の変化（楕円《だえん》軌道の変化）②地軸の傾きの変化③地軸の歳差運動などです。酸素同位体比曲線にみられる約10万年周期の変化は、最初に研究した人の名前をとって、ミランコヴィッチ・サイクルと呼ばれています。

コラム　火山灰と地層のスペシャリスト

ぶらっと博物館にあらわれ、調査団事務局に来るメールをチェックし、発掘は全日程に参加、氷河時代たんけん隊や陸

火山灰を調査するMTさん

上発掘・地質グループの集会にも必ず参加しているMTさん。第4次発掘から連続して発掘に参加し、地質・火山灰グループでずっと活動しています。MTさんは、地層についてたいへん詳しい人ですが、発掘の時には先発隊や、排水、資材、外回りなど裏方の仕事をいつも淡々とこなしています。全体の様子や作業の進み具合をよーく見ていて、たとえば地面がぬかるんできたら排水溝を掘ったり、歩きやすいように板を渡していたり、危ないところには立ち入り禁止ロープを張ったり、雨や雪が強くなってきたら簡易テントを設置したりと、あげればキリがありません。

発掘や行事のときは「いつもなら寝ている時間だ」とつぶやきながらも、まとめの会やコンパの最後までしっかり参加しています。なぜ発掘に参加しているのか聞いてみると、「意地」のひとことでした。そのひとことにどんな意味が込められているのかは、発掘に参加して、コンパの席でMTさんに聞いてみませんか。

第5章
ナウマンゾウの狩人をもとめて

発掘参加者の描いた予想図

氷河時代の野尻湖の様子を示す復元図

1　氷河時代の野尻湖

野尻湖発掘の総合化と国際化

(1) 野尻湖発掘の復元図

上図は野尻湖ナウマンゾウ博物館に展示されている、ナウマンゾウがいたころの野尻湖の様子を表した復元図です。遠くに見える火山が噴火し、水辺ではナウマンゾウを狩りしている「野尻湖人」の様子が描かれています。復元図は、単に当時を想像した図とは違い、これまでの研究で明らかにされてきた成果をもとにして描かれています。

野尻湖発掘調査団には、11の専門グループがあり、それぞれが進めてきた研究成果は、2年に1度行なわれる「専門グループ発表会」で報告、検討され野尻湖発掘報告書としてまとめられてきました。発表会では自分たちのグループの研究成果だけでなく、他のグループの研究成果との関連が検討され、当時の野尻湖の姿がより具体的に語れるようになってきました。私たちはこれを「総合化」と呼んでいます。復元図は、こうした成果に基づいて描かれたものなのです。

(2) 層位第一主義にもとづくまとめ

これまでの発掘で参加者が発見した、ナウマンゾウなどの脊椎《せきつい》動物化石、昆虫化石、貝化石、植物化石、「野尻湖人」が使ったかもしれない骨器や石器など、たくさんの資料が蓄積されてきました。さらに、地層に含まれる肉眼では見えない珪藻《けいそう》化石や花粉化石などの微化石の分析や、古地磁気のデータの測定も進められてきました。

私たちは、それぞれの資料が示す情報を総合的にとらえ、氷河時代の野尻湖の自然環境の復元と人類の活動を明らかにしようと取り組んできました。成果をまとめていく時に、地層の重なりを基準にする考え方を「層位第一主義」と呼び、出土層を柱にして総合化を進めてきました。次のページの図は、層位第一主義に基づいて整理したこれまでの成果のまとめです。

(3) 古環境の復元

まとめの図を見てみましょう。いちばん左には地質年代の目もりが万年単位でつけられています。

生層序 花粉層序	古環境 古植生	古気候	古水位	酸素同位体ステージ
マツ属（二葉松類）ースギ帯 ブナ属ーコナラ亜属帯	アカマツ・コナラ二次林、スギ植林 冷温帯落葉広葉樹林	冷涼　多雨 温暖　多雨 温暖化	安定した水位	ステージ1
トウヒ属ーモミ属ーツガ属帯	冷温帯北部針広混交林 稠密な亜寒帯針葉樹林	冷涼 非常に寒冷 著しい寒冷　乾燥 気候悪化進行	安定した水位	ステージ2
コナラ亜属ーブナ属帯	冷温帯落葉広葉樹林	温暖　多雨	浅い水位	ステージ3
ツガ属ートウヒ属帯	冷温帯針広混交林	寒冷化	安定した水位 浅い水位	
トウヒ属ーブナ属帯	冷温帯針広混交林 冷温帯落葉広葉樹林	やや寒冷　乾燥	浅い不安定な水位 水深深く安定	
カラマツ属ーカバノキ属帯	亜寒帯針葉樹林から冷温帯北部針広混交林 亜寒帯針葉樹林	寒冷　乾燥 寒冷　乾燥化 寒冷化	水深深化 浅い水位	ステージ4
マツ科帯	亜寒帯針葉樹林	著しい寒冷　多雪	水深深い	
スギ帯	冷温帯落葉広葉樹林 冷温帯南部針広混交林	次第に寒冷化 冷涼　多雨・多雪 やや温暖	安定な水位 水位変動 安定な水位	

万年前　0　1　2　3　4　5　6　7　8

野尻湖発掘のまとめ図（植物や気候の変化）

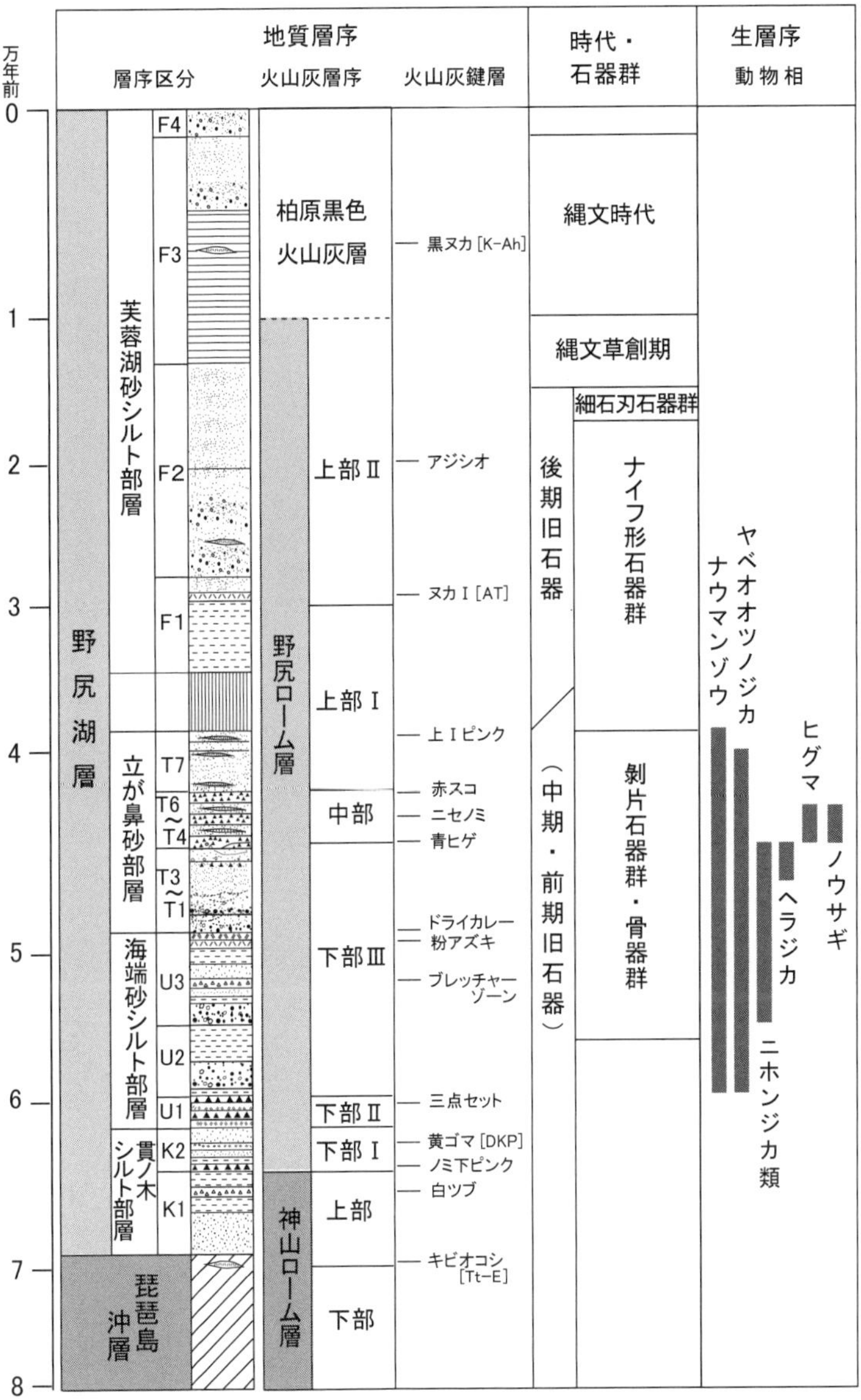

野尻湖発掘のまとめ図（地層の重なりと遺物動物化石）

この目もりは、火山灰層の数値年代や、堆積物《たいせきぶつ》のたまる速さをもとに推定したものです。そのとなりの地質層序の部分については、右側に陸上、左側に水中にたまった地層を示し、それらの関係を火山灰層の鍵層を使って示しています。石器群の部分については、野尻湖周辺の遺物をもとにして、人類の活動の様子と道具の変化を示しています。生層序については、哺《ほ》乳《にゅう》動物化石や顕微鏡で調べた花粉化石を、それぞれの地層に対応させて示しています。これらの化石は、昔の環境を教えてくれる示相化石です。

化石の発見や微化石の分析結果などをもとにして、昔の野尻湖の環境（古環境）の変化をまとめの図の右側に示しています。

古植生の部分では、おもに花粉化石による復元が行なわれています。花粉化石だけでは種の推定がむずかしいのですが、種子《しゅし》や球顆《きゅうか》などの植物化石は細かい種まで決めることができるので、それらを加えて、生育していた植物を復元します。林を構成する樹種の変化だけでなく、草原が広がった時期なども読みとることができます。

古気候の部分では、古植生の変化だけでなく昆虫化石のようすなども考えて、復元が行なわれています。植生の変化からは気温の推定だけでなく、降水量の変化なども推定することができます。ナウマンゾウがいた時代は、著しい寒冷期の間の、やや寒さがゆるんだ時期であったことが読みとれます。

古水位では、野尻湖の水位の変化などが推定されています。珪藻化石から水域の広がりなどが推定できるほかに、地層に残されている水流の痕《あと》や波の痕などの堆積のようすや、貝化石の分布なども、古水位の復元に役立っています。立《たて》が鼻《はな》遺跡がどのような場所であったかを考える材料となっています。

こうした古環境の復元や地層の分布のようすなどをもとにして、古地理の復元も行なわれています。古地理図を描くことにより、「野尻湖人」の生活の場を推定できると期待されています。

化石や遺物の発見だけにとどまらずに、いろいろな研究を総合的にまとめることによって、過去の野尻湖のようすがより具体的に語れるようになってきました。まとめの図は、みんなが氷河時代の野尻湖の姿を描く材料になっています。

(4) 野尻湖発掘の国際化

ナウマンゾウが日本列島にいつどのようにやってきたのか、人類はどうだったかなどを考える時に、周辺地域、特にアジア大陸との関係はたいへん重要です。また、海外の研究者に野尻湖発掘の成果を紹介することは、日本の旧石器時代を明らかにする上でも大切なことで、国外での発表も行なってきました。また、私たちはこうした「国際化」を大切にし、海外からの参加者も迎えてきました。特に、日本に第四紀学の勉強に来ていたインドネシアや中国からの研究者とは、その後も長く交流が続いています。

1987年の万国地質学会では、野尻湖の遺物やナウマンゾウについて、1992年の同会議では、ナウマンゾウの足跡化石などについて講演を行ないました。発掘は、数百人から千人規模で、大学教員、学生や子どもを含めた一般市民によって整然と行なわれていることも、付け加えました。講演直後には、10人前後の聴衆が演壇によってきて、質問攻めにあう、という大きな反響がありました。

2011年10月に、野尻湖発掘50周年記念行事のひとつとして記念シンポジウムが開催されました。このシンポジウムでは、韓国朝鮮大学校の教授、李起吉さんに「朝鮮半島南西部の旧石器文化の特徴と発展」という題で、講演していただきました。立が鼻遺跡とほぼ同時代の、6万~4万年前の韓国の遺跡と石器の特徴などが紹介されました。今後、野尻湖発掘を進めていく上でたいへんに参考になるものでした。

国際第四紀学連合総会の見学会

また、2015年の国際第四紀学連合の名古屋大会では、行事の一つとして、野尻湖で見学会が行なわれました。ポーランド共和国、アメリカ合衆国、フランス共和国、ドイツ連邦共和国からの研究者が参加し、専門分野も脊椎動物学、古環境学、考古学と多彩でした。特に関心が高かったのが、人類遺物でした。ナウマンゾウの骨を使ってできた骨器や石器などに興味を示し、決定的な考古資料の発掘を期待するなどとコメントされました。

広い視点で野尻湖発掘の意義を考えていく上でも、海外の研究者にもっと野尻湖発掘を理解してもらえるよう、海外の研究誌にも発掘の成果を紹介するなど「国際化」を一層すすめていこうと考えています。

2　日本列島への人類渡来のなぞ

(1) 野尻湖遺跡群

畑の地表面で、石器や土器が見つかることが時々あります。地表に出ている遺物を採集する表面採集調査によって、地下に埋もれている遺跡の分布を予測することができます。野尻湖のまわりでは、このような調査が第5次野尻湖発掘の行なわれた1973年以降、数多く行なわれ、野尻湖周辺に43の旧石器時代から縄文時代草創期（縄文時代の一番初め・約1・6万年前）の遺跡が集中分布することがわかりました。この旧石器時代の遺跡群を野尻湖遺跡群と呼んでいます。

野尻湖遺跡群

高速道路の「上信越自動車道」を作るために、1993年からの3年間は、長野県埋蔵文化財センターと信濃町教育委員会による発掘が、信濃町周辺で行なわれました。発掘が一番集中したときには、国内で旧石器時代の遺跡発掘が最も多く行なわれた町と評判になりました。

(2) 重なる旧石器文化層

野尻湖周辺の遺跡を発掘すると、縄文時代の遺物の下の層から、旧石器時代の人が生活した地表面である生活面が、重なって見つかります。上部野尻ローム層の黒色帯（約3・5～3・2万年前）には、後期旧石器時代のはじめの頃の生活面があります。局部磨製《きょくぶませい》石斧と台形石器が主な石器です。その上には、軟らかい黄褐色のローム層があり、その中にナイフ形石器や上の方ではヤリ先形の尖頭器を多く含む旧石器時代の文化層が3層ほど含まれています。ナイフ形石器には、北陸～東北地方（杉久保系）や関東地方（茂呂系）、そして北陸から関西・瀬戸内地方（国府《こう》系）につながる、それぞれ特徴的な石器も含まれています。

さらに、その上の黒土（柏原黒色火山灰層）との境あたりには、旧石器時代の終末から縄文時代草創期の土器の文化層が順番に重なります。日本国内では南関東〜静岡県東部を除くと、これほど多くの時代の文化層が重なっている遺跡の集中地域は大変めずらしく、旧石器時代の石器の変遷《へんせん》をたどることができるため、考古学的にたいへん注目されています。

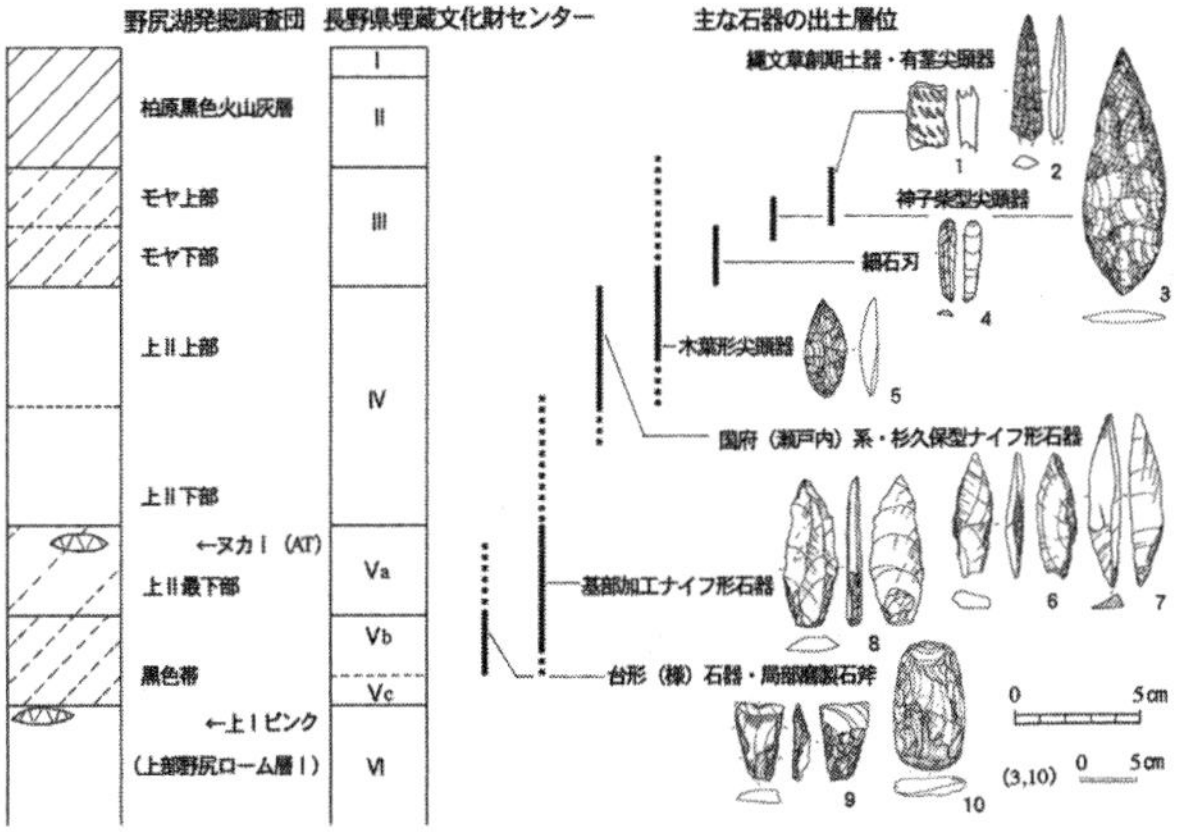

野尻湖周辺の遺跡群における地層区分とおもな石器群の層位

野尻湖の周辺で特徴的なのは、約3・5〜3・2万年前の局部磨製石斧と台形石器をもった文化の遺跡です。野尻湖の南方の信濃町水穴の日向林《ひなたばやし》B遺跡では、刃先だけ磨いた局部磨製石斧が60点も出土し、この遺跡の石器群は国の重要文化財に指定されました。この他にも、旧石器時代の石斧《いしおの》が多く集中する遺跡があり、全国で800点以上出土しているうちの約3割が野尻湖周辺の遺跡から出土しています。旧石器時代の石器は打製で作られているので、一部だけでも磨く加工がある局部磨製石斧は、世界で最も古い磨製石器といわれていて、たいへん珍しいものです。

(3)「野尻湖人」の文化?

野尻湖底の立が鼻遺跡以外では、約3・8万年前より古い地層からは、野尻湖周辺のどこからも人類の証拠は見つかっていません。ナウマンゾウの化石が見つかる地層は、石器がたくさん見つかっている陸上の遺跡の時代よりもさらに古い時代にあたります。

では、野尻湖底で見つかっている骨器や石器は、どんな文化を代表するのでしょうか。少し広い地域でみると、後期旧石器時代より古い特徴をもつ石器群が、岩手県遠野市の金取《かねどり》遺跡や長野県飯田市の竹佐中原《たけさなかはら》遺跡から報告されています。金取遺跡では、ホルンフェルス(熱によって硬くなった岩石)製の重量感のある斧形石器やスクレイパーが出土した地層は、約5万年前より古いと考えられています。また、竹佐中原遺跡では確実な年代はわかっていませんが、金取遺跡に類似するスクレイパー類、刃器などの石器が見つかっています。野尻湖の石器も、これらと同様に不定型な剝片《はくへん》を素材とするものです。

現在、日本国内では後期旧石器時代より古いと思われる石器群に対しては、研究者の間で意見が異なっていて、みんなが納得する見解が得られていません。野尻湖のような古い遺跡を認めない考えに立つと、日本列島に人類が到達したのは約4万年前の後期旧石器時代のはじめの頃で、アフリカ起源の現代人(ホモ・サピエンス)が船を使ってアジア大陸から渡来したというのが、人類学や考古学の定説になっています。磨製石斧や台形石器をもっていて、野尻湖のまわりの日向林B遺跡などに来ていた人びとがそれにあたります。

（4）「野尻湖人」はどこから?

野尻湖の地層からは、約5・4万〜3・8万年前のナウマンゾウ化石やヤベオオツノジカ化石に混じって、石器や骨器が出土しています。3・8万年前より古い時代の旧石器人類がいたことは確かなようです。このことは、現在の主流な人類学の定説に反して、現代人の日本列島への渡来以前に、すでに先住者がいたということを意味します。

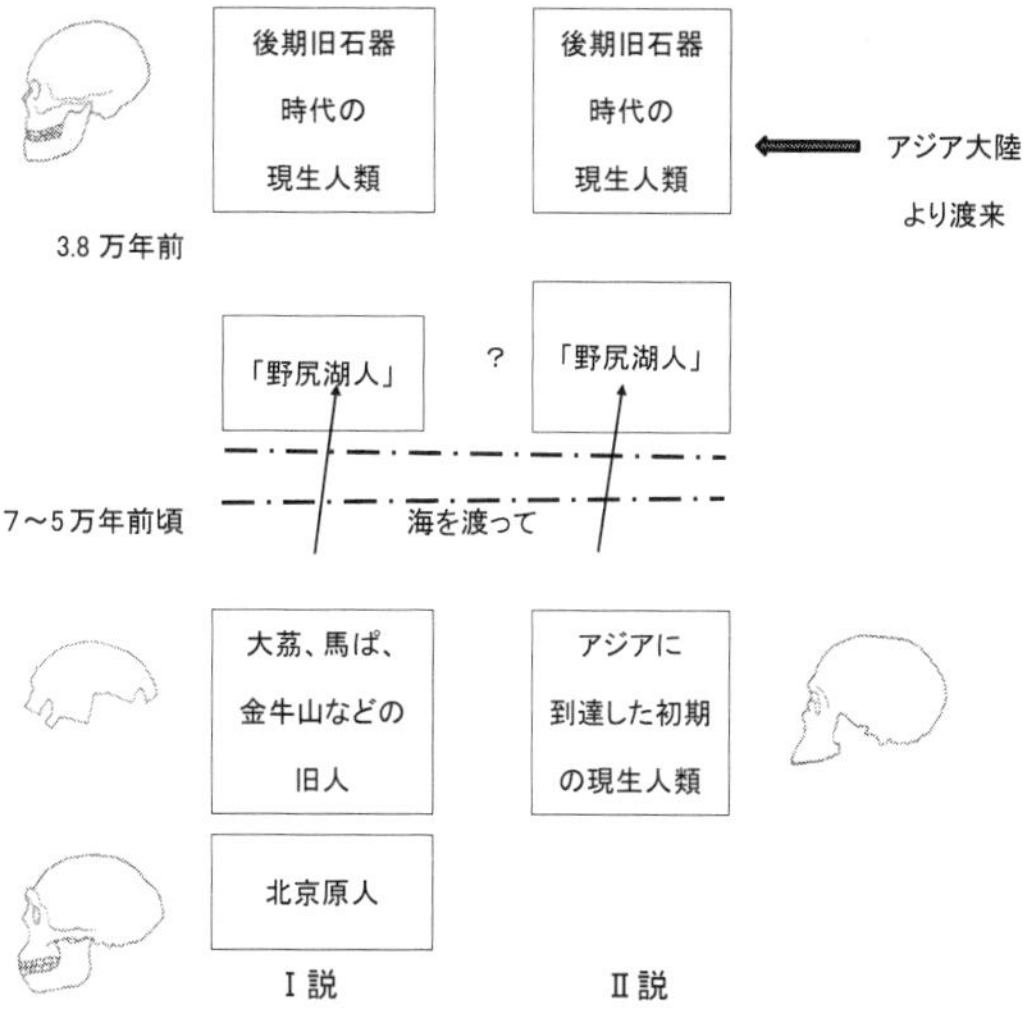

日本列島への人類の渡来説

野尻湖でナウマンゾウ狩りをした人類はどんな人類だったのでしょうか。人骨が出ていないので推測の域をでませんが、次の二つの可能性が考えられます。

第一は、中国・周口店出土の北京原人の子孫や同じく中国の大茘《ターリー》（陝西省《せんせいしょう》）、馬ぱ《マーパ》（広東省《カントンしょう》）、金牛山《きんぎゅーざん》（遼寧《りょうねい》省《しょう》）の旧人など、古代型人類の子孫が日本列島にもいたという可能性です。

第二は、はっきりとした化石の証拠はありませんが、約7～5万年前とされるホモ・サピエンス（現代人）の中東から世界への拡散のごく初期のグループが東アジアに到達していた可能性です。この年代の新人的な文化の遺跡は、オーストラリア北部やロシア・バイカル湖周辺などに報告されています。約4万年前以降の日本列島への現代人の本格的な渡来に先だって、約7～5万年前に小グループが来ていたかもしれません。

野尻湖では、約7万年前から連続して堆積した地層があり、広域火山灰や近隣の火山の火山灰により正確で細かい地質編年ができています。これからさらに野尻湖底とその周りの遺跡の発掘を続けることで、わが国ではまだ確実な証拠が得られていない日本列島の先住者が、いずれ我々の前にはっきりとした姿を現すことを期待しています。

3　「野尻湖人」にせまる

（1）キャンプサイトを探る

２０１６年夏、湖底発掘が行なわれる立が鼻遺跡の西方、仲町丘陵とよばれる小高い丘の上で発掘調査が行なわれました。この発掘調査は、野尻湖地質グループと人類考古グループが合同で、「野尻

仲町合同調査の発掘風景（2016 年）

湖人」のキャンプサイトの手がかりを探ることを目的にこの場所で18年ぶりに行なわれたものです。

立が鼻遺跡が旧石器人たちのキルサイトであるならば、ゾウ狩りをした人々は近くでキャンプしていたのではないかと考えられ、キャンプサイトを探す目的で、１９７６年に立が鼻遺跡の西方の仲町丘陵で陸上発掘が始まりました。１９９８年の第８回陸上発掘まで調査が行なわれましたが、「野尻湖人」の陸上での活動の痕跡を見つけることができませんでした。その後、仲町丘陵に国道のバイパスが通ることになり、そのための発掘調査が行なわれたのですが、やはり直接「野尻湖人」にせまることはできませんでした。野尻湖発掘の復元図では丘陵でキャンプする「野尻湖人」が描かれていますが、今後の調査できっと「野尻湖人」が姿を現すにちがいない、と夢を描いています。

（２）発掘の設計図づくり

キャンプサイトを探るといっても、やみくもに掘っていけば遺跡を掘り当てることができる、というわけにはいきません。その場所の成り立ちを明らかにするには、そこにどのような地層が分布するかといった地質調査が重要になります。調査用の穴を地面に掘った

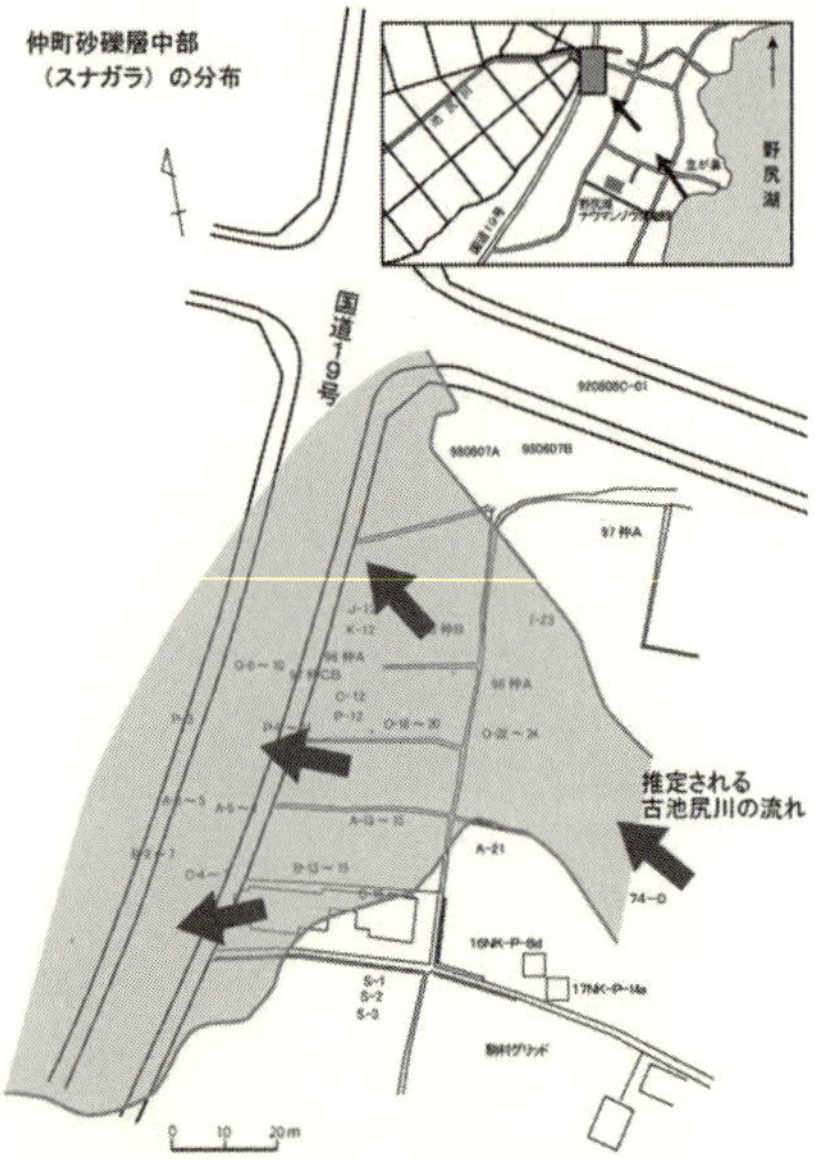

野尻湖から流れ出す古池尻川の流れ

りする地質調査を積みかさねた結果、くわしい地質図が作られてきています。

地質図を読みとくと、当時の湖の分布域やその周辺の丘のようすなどがわかります。調査の結果、仲町丘陵を流れていた川の位置やそのようすがしだいにわかってきました。これまで陸上発掘が行なわれた地域は、野尻湖から西に流れ出す川により削られて、その後周辺から運び込まれた砂や礫《れき》がたまった場所であることが明らかになりました。そうすると、地層の中に含まれていた石器は、周囲から入り込んだものだったことになります。「野尻湖人」の痕跡《こんせき》を見つけるためにはこの川の岸辺がねらい目になります。

こうした調査を繰り返しながら、「野尻湖人」のキャンプサイトに一歩でも近づきたいと夢見ています。ここでも、さまざまな情報を取り入れた地質図は、発掘をすすめるための設計図になっているのです。

（3）4・5万年前の洪水のあと?

立が鼻遺跡では、２０００年代に行なわれた第14次～第19次発掘までの10年間あまりの期間、Ⅲ区F列の16～22グリッドで同じ場所をくりかえし発掘しました。

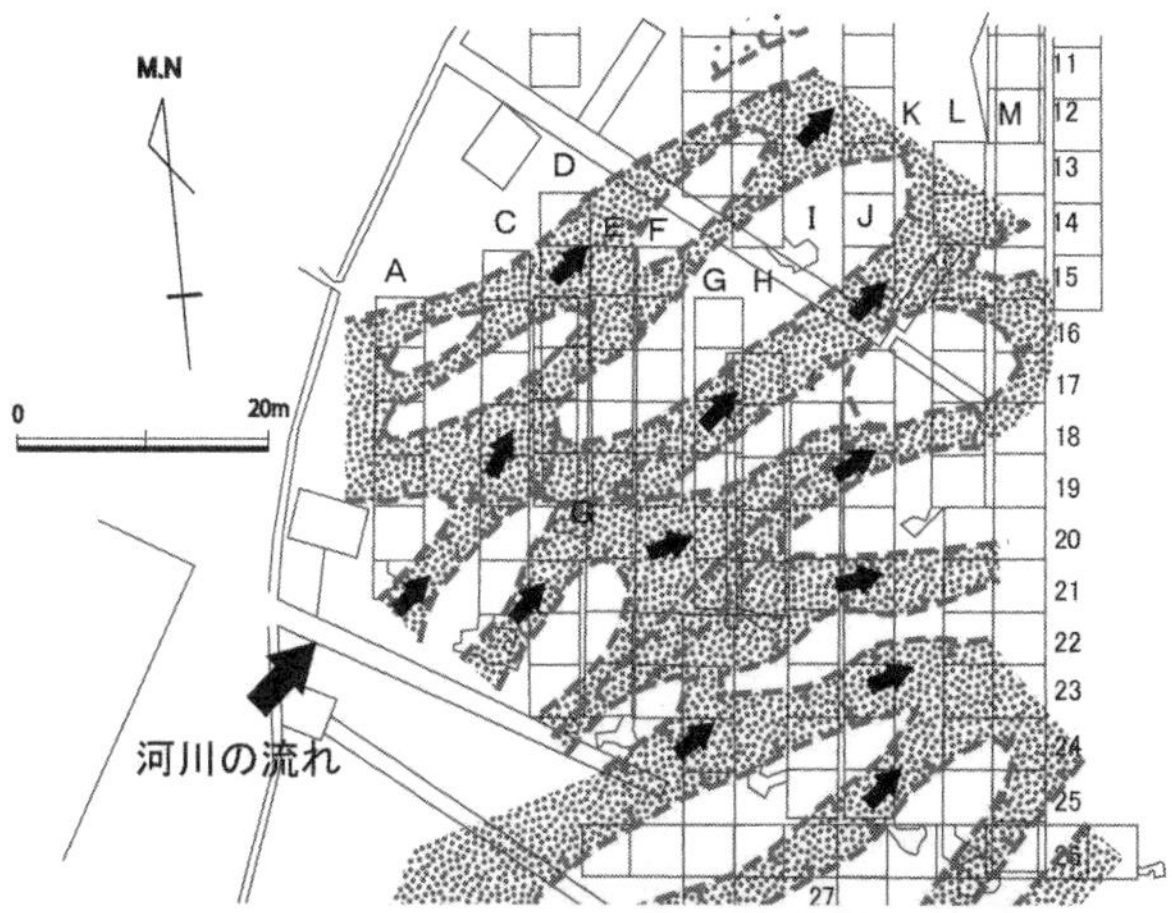

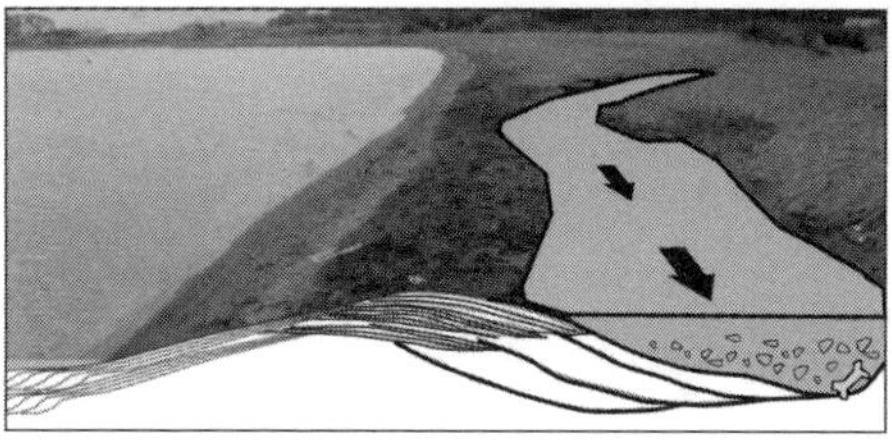

4.5万年前の洪水の水流と地層の堆積

これは地層のようすや化石遺物が、どのように地層中にたまっているのかをじっくり観察しながら発掘をすすめよう、という計画にそったものでした。発掘グリッドの試掘溝の壁に現れた地層のようすをくわしく観察した結果、それまで上下に順番に重なって堆積していると考えられていた野尻湖層の立が鼻砂部層は、浸食と堆積を繰り返しながら、次第に横方向にずれてたまっていったことがわかってきました。この堆積の仕方は側方付加とよばれ、川が土砂を流すときに形成されます。当時の発掘地付近には湖に流れ込む川があり、洪水時の水流とそれにともなう湖の水位の上昇と、その後のゆっくりした湖水面の低下とが組み合わさって地層が形成されたものと考えられます。ナウマンゾウの骨や歯の化石もばらばらになりながら洪水流によって流され、たまったようすも観察できました。

Ⅲ区F列付近は、常時湖水の中ではなく、時には陸地になって「野尻湖人」がそこで狩りをしていた可能性もあり、「野尻湖人」の活動のようすをさぐる新たな手がかりが得られました。

（4）発掘場所をキルサイトにせまるⅠ区に移して

2014年に行なわれた第20次発掘では、キルサイトの状況証拠ではないかと考えられたⅢ区とⅠ区の境界付近を、第12次発掘から21年ぶりに発掘しました。この場所からは、ナウマンゾウの切歯とヤベオオツノジカの掌状角《しょうじょうかく》が並んだ、いわゆる「月と星」（口絵参照）や、ナウマンゾウの頭骨、肋骨、前足の化石や多くの遺物が集中して産出しています。また、湖岸近くに大きな礫がたまっていて、その間から比較的大きな哺乳《ほにゅう》動物化石が産出することも以前から分かっていました。

Ⅰ区の試掘溝の壁面をくわしく観察したところ、立が鼻砂部層はⅢ区のF列付近とはおおきく違っていて、大きな石を含む地層と砂の多い地層の繰り返しであることが分かりました。大きな石は湖の水の流れで移動してきたとは考えにくく、長い距離を移動してきたというよりも、近くの岸辺から洗い出されたものと考えた方がよさそうです。観察の結果、湖の水が増えたり減ったりしたときに形成

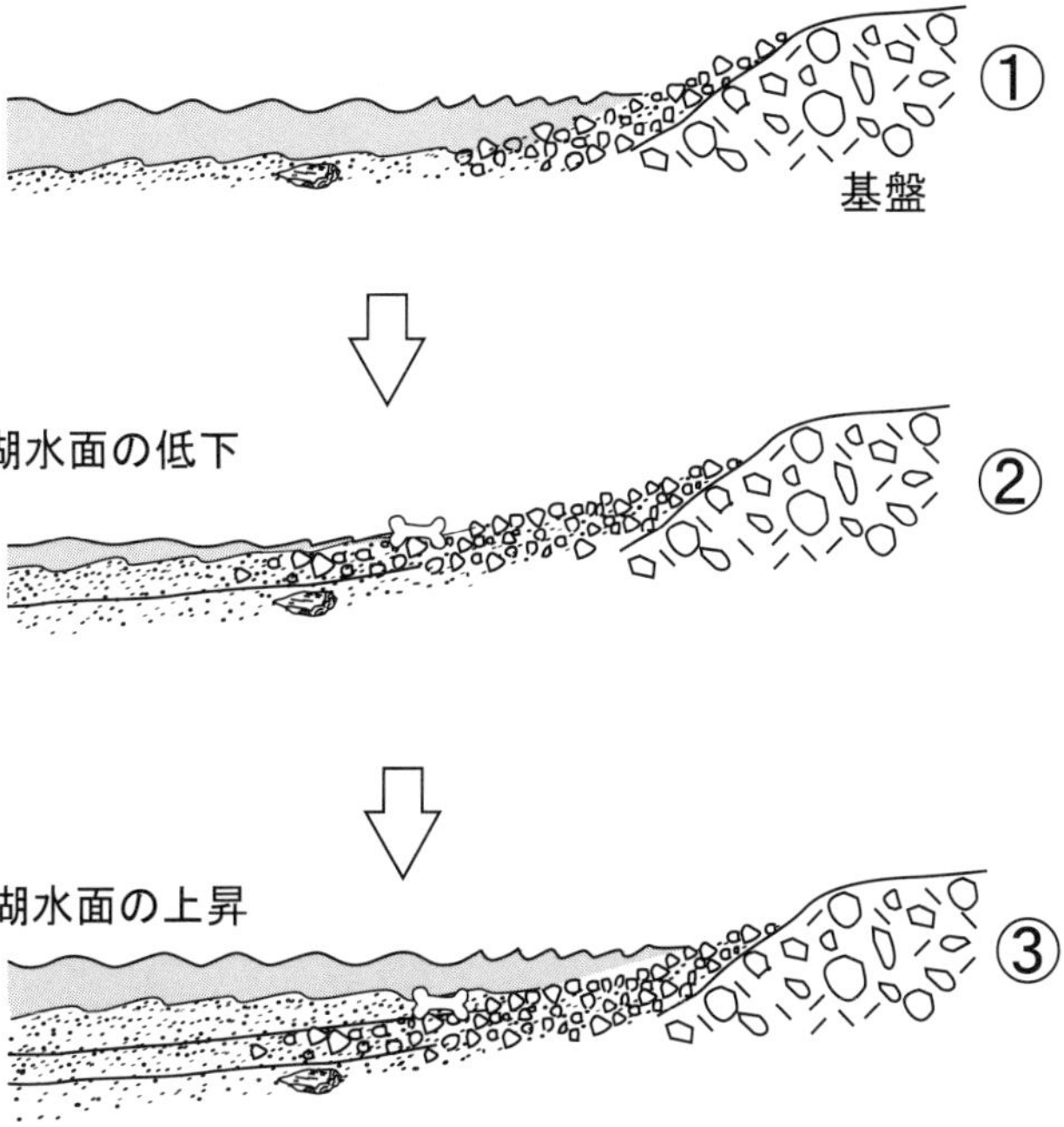

I区の地層のたまり方

された地層ではないかと考えました。湖の水が減っていく時は礫の間の小石や砂が洗い流され（上図①）、干上がった時には湖底に礫が広がり（②）、水位が上昇するときには砂がその礫を埋めるようにたまりました（③）。この繰り返しでできた地層のようです。

するとどんなことが考えられるでしょうか。干上がって陸地が広がった時期があるとすれば、「野尻湖人」たちがそこでナウマンゾウ狩りをしたとも考えられます。その後、湖水の上昇により水没し、骨などが砂に埋もれて化石となって残ったのではないでしょうか。そうだとすると、ヒトの活動のさまざまな証拠が地層中に残っていることが期待されます。ヒトの化石の発見も夢ではないと考えられます。

4　これからも続く野尻湖発掘

（1）地域とともに歩み続ける野尻湖発掘

野尻湖発掘は、地域の人々とともに歩み続けることを基本にしてきました。地元信濃町の町長や議会議長、教育長や野尻区の役員のみなさんなどとともに、発掘実行委員会をつくって、発掘の準備を進めてきました。また、発掘の最終日には地元報告会を行なって、地域のみなさんに成果を知っていただくよう努力してきました。

発掘をきっかけとして建設された町立の野尻湖ナウマンゾウ博物館には、調査団が発掘した化石などの資料が移管され、その数は8万点を超えています。特にナウマンゾウの化石は、量、質ともに、他にはない充実した貴重な資料となっています。これらの化石は、2014年9月、「野尻湖産大型哺乳類化石群（ナウマンゾウ・ヤベオオツノジカ・ヘラジカ）」という名称で、88点（内訳はナウマンゾウ63点、ヤベオオツノジカ22点、ヘラジカ3点）が長野県天然記念物に指定されました。

開館してから30年を経過した野尻湖ナウマンゾウ博物館は現在、リニューアルが進められています。

これからの博物館のすがたを検討するため、「構想策定委員会」が設置され、議論が重ねられました。その結果、「地域に根ざした持続可能な博物館活動をめざして」という答申書がまとめられました。地域のみなさんが博物館の運営に関われるシステムをつくることなど、地域との協働の重要性が強調されています。リニューアルオープンが、地域と協働する野尻湖ナウマンゾウ博物館という、これまでとは違う新しいスタイルの博物館の出発点となることが期待されています。

2017年春の湖底調査

（2）若者が活躍する野尻湖発掘

２０１７年3月に春の野尻湖地質調査が行なわれました。この調査は、次年度に行なわれる予定の第22次発掘をどのように行なうかを決めるために、湖底の地層のようすをみんなで確認することと、発掘をささえる友の会事務局や専門グループ事務局のトレーニングを目的としたものです。

この調査には、沖縄から参加の高校生もふくめて14名の高校生、10名の大学生と多くの若い人たちが参加しました。春の地質調査は発掘とはちがい、化石や遺物を掘り出すことが目的ではありません。新たな地層を掘るのではなく、かつて発掘が行なわれた場所をあらためて掘り返し、地層が観察できる壁を復元します。まだ寒い野尻湖底に立ち、ひたすら以前埋め戻した土砂をスコップで掘り上げるのです。泥だらけになりながら、凍える手で土砂を運びます。こんな作業にどうしてみんな頑張れるのでしょう。

この調査に参加した大学生は次のように参加の感想を述べています。

「春の野尻湖に来るのは3度目でした。今回は班長という仕事のため、全体を見ようと思いながら過ごしました。前回、前々回と比べると、全体の流れもわかるようになって、いろんな係・班の方がいて、かげでささえてくれる中で地層とずっと向き合えているのだなと思いました」「記載をしたことにより、地層がより好きになりました。人と協力して記載をすることを学びました。多くの人の力が集結してひとつの記録ができあがっていることを感じました」

野尻湖発掘の魅力は、太古の野尻湖の様子を思い描きながら一つひとつ謎を解き明かしていく楽しさにあるのですが、さらに、仲間と一緒に学ぶ楽しさや体を通して学ぶことのできる教室であることも大きな魅力です。野尻湖発掘は「100年の計」であることが合い言葉ともなっています。長期戦で、一つひとつの地道な研究の積み重ねで謎《なぞ》を明らかにしていこうということです。初めて発掘に取り組んでから、すでに56年が経過しました。まだまだ解明すべき謎は山積みです。具体的な「野尻湖人」の姿もまだ見えてきません。しかし、これからの発掘をささえる若い力が着実に育っています。「野尻湖人」をめぐる謎ときは、きっと若者の力でこれからも引き継がれ、近い将来「野尻湖人」の生き生きとした姿が明らかになることでしょう。

氷河時代たんけん隊（2017年）

（3）「野尻湖人」との出会いを夢見て

野尻湖発掘は、ナウマンゾウの化石が含まれている地層を明らかにすることから始まり、人類との関わりや氷河時代の自然環境の復元へと、発掘の目的も大きく発展してきました。

これまで紹介しましたように、立が鼻遺跡やその周辺のようすなどが次第に明らかになってきました。ずっと湖の中と思われていた立が鼻発掘地は、砂浜が広がっていた時期もあるし、湖の水位が上がったり下がったりを繰り返していた時期もあるということがわかってきました。そうだとすると、「野尻湖人」の活動していた場所やその痕跡が湖底の地層中に見つかる可能性も大いにあります。

ゾウと闘った「野尻湖人」の足跡が湖底に記録されている

かもしれないのです。

もっと詳しく知りたい方へ　旧石器時代

（1）縄文時代よりも古い時代の発見

かつて、日本には縄文時代よりも古い時代の遺跡はないと考えられていましたが、その考えをくつがえす発見をしたのが群馬県で行商をしていた相沢忠洋さんでした。相沢さんは、1946年に岩宿《いわじゅく》の崖で、関東ローム層と呼ばれる赤土の中から石器を発見しました。それに興味をもった明治大学考古学研究室が発掘調査を行ない、赤土から石器が出土することを確認したのが1949年でした。出土品の中には刃先の一部を磨いた石斧《いしおの》（局部磨製石斧《ませいせきふ》）もありました。この時に発掘調査を行なった場所が岩宿遺跡で、現在、国の史跡となっています。この調査によって日本にも世界史的な「旧石器時代」の遺跡があることが確認されました。

ところで人類がたどってきた時代は、何によって区分されているのでしょうか。1836年、デンマークのトムセンは道具の素材に注目し、人類は石器時代、青銅器時代、鉄器時代という時代を経てきたと指摘しました。そして1965年、イギリスのラボックが石器時代を旧石器時代と新石器時代に細分し、旧石器時代には磨製石器がなく、新石器時代は磨かれた石器によって特徴づけられる時代であるとしました。

それでは相沢さんが見つけた縄文時代よりも古い時代は、旧石器時代として区分して良いのでしょうか。先に述べたように、岩宿遺跡からは局部磨製石斧が出土したため、日本ではラボックの定義に合致しないため議論がおこりました。ヨーロッパで定義された旧石器時代という用語ではなく、日本列島独自の文化的な特徴を重要視して、縄文土器の時代よりも先行する時代という意味で「先土器時代」と呼ぶ研究者もいますし、最初に縄文時代よりも古い時代の石器が発見されたのが岩宿遺跡であることから、日本列島独特の旧石器段階の時代名として「岩宿時代」を用いる研究者もいます。いろいろな考えがありますが、磨製石器を含んではいるものの、打製石器が中心となって発達した段階であることは間違いありません。ですから、ここでは「旧石器時代」という時代名を使うことにします。現在では、日本の旧石器時代に世界で最初に一部分を磨いた磨製石斧がつくられた、という見解が世界的に認められるようになっています。

（2）旧石器時代の細分

旧石器時代はヨーロッパでは、前期（下部）、中期（中部）、後期（上部）の三期に分けられ、前期は人工品の道具が出現する約260万年前から始まり、中期は約20万年前のルヴァロア技法

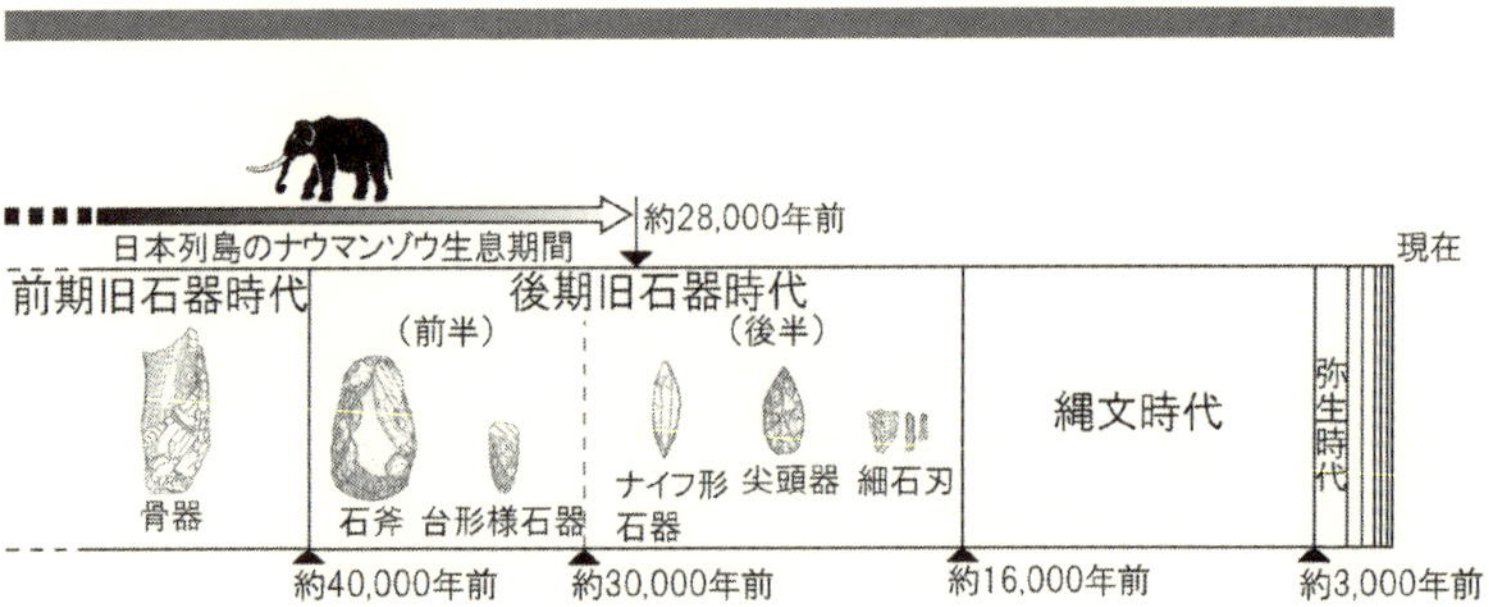

日本列島の石器時代の年表

という石器のつくり方の成立で始まり、後期は約5万年前の石《せき》刃《じん》技法という石器のつくり方の成立で始まるとされています。

では、日本の場合はどうでしょう。日本の人類史の始まりは、日本で最も古い人類の痕跡《こんせき》が認められる年代になります。日本では今のところ人骨の出土はほとんどありませんので、やはり石器が基準となり、最も古い地層からの石器の出土が目安になっています。多くの研究者が人工品と認める石器の出現は、約3・8万年前で、その約3・8万年前が日本の後期旧石器時代の始まりという考えが現在のところ大勢を占めています。先に述べたように、ミトコンドリアDNA分析の研究からも日本列島に現生人類（ホモ・サピエンス）が到達したのが約4万年前という、前述の説を後押しする結果が示されています。それよりも古い時代の特徴がみられる遺跡は、野尻湖の立が鼻遺跡のほかに竹《たけ》佐《さ》中原《なかはら》遺跡（長野県）や金取《かねどり》遺跡（岩手県）などが挙げられます。これらの遺跡が、日本の後期旧石器時代よりも古い時代を代表するのではないかと議論されています。

日本の後期旧石器時代の期間については、縄文土器の出現までとすれば、約1・6万年前までということになり、後期旧石器時代はおよそ2・5万年間続いたことになります。この間、およそ3万年前の鹿児島県の姶良《あいら》カルデラの大噴火による姶良Tn火山灰（AT）が北海道や朝鮮半島にまで降下し、日本列島を広くおおいました。この火山灰層の上下で文化内容も変わることから、ATの降灰を境にして、後期旧石器時代は前半期と後半期に区分されています。

1985	第４回 陸上発掘	細石器文化の確認	3,417	358
1986		第５回野尻湖発掘まつり（３月）		429
1987	第 10 次発掘	骨製クリーヴァー発見、大型偶蹄類の足跡確認	7,872	1,969
1988	第５回 陸上発掘	貫ノ木遺跡で礫群と配石をともなう旧石器時代の生活面を確認	3,887	335
1989		第６回野尻湖発掘まつり（３月）		315
1990	第 11 次発掘	ナウマンゾウの足跡化石の証明	5,568	1,672
1991	第６回 陸上発掘	仲町遺跡で後期旧石器時代の遺物を発見 ナウマンゾウ化石出土	3,728	298
1992		第７回野尻湖発掘まつり（３月）		432
1993	第 12 次発掘	解体痕？のあるナウマンゾウの肋骨を発見	4,023	1,498
1994	第７回 陸上発掘	仲町遺跡で後期旧石器時代の石器を多数発見	1,152	243
1995		第８回野尻湖発掘まつり（３月）		309
1996		第 13 次発掘は災害のため１年延期となる		
1997	第 13 次発掘	ナウマンゾウ上腕骨、たたき石を発見	2,731	855
1998	第８回 陸上発掘	仲町遺跡で後期旧石器時代の石器を発見	1,008	186
2000	第 14 次発掘	化石と地層の関係を詳しく観察、ナウマンゾウの左右そろった臼歯を発見	2,020	573
2003	第 15 次発掘	昔のなぎさの場所を発見	2,274	482
2006	第 16 次発掘	ニホンジカの足跡化石を発見	801	304
2008	第 17 次発掘	ヘラジカの化石や哺乳類の足跡化石を発見	732	245
2010	第 18 次発掘	ナウマンゾウの切歯を発見、詳しい堆積環境の解明	515	196
2011		野尻湖発掘 50 周年記念行事		
2012	第 19 次発掘	ナウマンゾウの臼歯化石を発見	706	223
2013		大崎で地質調査、ナウマンゾウ化石が出土		
2014	第 20 次発掘	Ｉ区の発掘、ナウマンゾウ肋骨・四肢骨片等が出土 氷河時代たんけん隊はじまる	754	192
2015		74 トレンチの地質調査　ナウマンゾウ化石出土		
2016	第 21 次発掘	新鮮時に割れたオオツノジカの上腕骨の骨片が出土	752	205
2017		74 トレンチの地質調査「月と星」層準の検討		
2018	第 22 次発掘			

野尻湖発掘年表

年	発 掘	お も な こ と が ら	発掘品の数(点)	参加人員(人)
1948		加藤松之助さんがナウマンゾウの臼歯を発見		
1961		湖畔の議論、「まず掘ってみよう」の井尻提案		
1962	第1次発掘	ナウマンゾウ、オオツノジカの化石を発見 野尻湖層の命名	20	70
1963	第2次発掘	放射性年代の測定と花粉分析による最終氷期の確認	70	150
1964	第3次発掘	最初の旧石器剥片の発見 まがった牙と毛におおわれたナウマンゾウの復元	77	200
1965	第4次発掘	ナウマンゾウの頭骨の一部を発見 8.5mの材木化石の発見　野尻湖新聞の発行	315	400
1966		展示会や本、教科書による普及		
1972		日本各地でナウマンゾウの化石が発見される		
1973	第5次発掘	「月と星」の発見　ナイフ形石器・骨器の発見 専門グループの発足　運営委員会はじまる	1,402	1,107
1974		湖底の地質調査・野尻湖発掘展(3月) 専門グループ発表会はじまる		
1975	第6次発掘	ビーナス像(?)生痕化石の発見 ラミナ掘りはじまる 野尻湖友の会発足　仲町でベンガラ発見(10月)	10,154	3,672
1976	第1回 陸上発掘	ナイフ形石器と乾痕の化石の発見(7～8月) 補足発掘(9月)	1,217	377
1977		第1回野尻湖発掘まつり(3月)		588
1978	第7次発掘	ナウマンゾウ頭骨の発見　ハタネズミの臼歯・ 昆虫化石の発見　友の会単位での発掘参加	8,174	2,897
1979	第2回 陸上発掘	第2回野尻湖発掘まつり(3月) 黒姫駅で牙の発見 仲町遺跡で爪形文土器の土壙の発見(8月)	1,868	327 780
1980		第3回野尻湖発掘まつり(3月)		743
1981	第8次発掘	2.4mの牙・キルサイトの状況証拠の発見 日本最古の骨器(骨製スクレイパー)の発見	8,384	2,658
1982	第3回 陸上発掘	約2万年前の湖岸線の発掘　隆線文土器の発見 第1回野尻湖発掘学校(7.8月)	2,261	334 179
1983		第4回野尻湖発掘まつり(3月)		644
1984	第9次発掘	スパイラル剥片、糞石(?)発見	8,429	2,377

あとがき

野尻湖発掘調査団の最近の活動を伝える本がほしい、という要望がいろいろな方から寄せられていました。『増補版 象のいた湖』は品切となり、最近では、書店で手にとって読める書籍がありませんでした。そこで、野尻湖発掘調査団事務局のメンバーが中心となって、編集委員会をつくり、本づくりがはじまりました。調査団の多くの方に原稿を執筆してもらいました。執筆分担はつぎのとおりです。

第1章（責任者　近藤洋一　竹下欣宏）
　近藤洋一　竹下欣宏　間島信男　杉田正男　渡辺哲也　伊東徳治
第2章（責任者　豊岡明子　関めぐみ　中川知津子　宮下忠）
　豊岡明子　宮下忠　深澤科子　小林康夫　小林和宏　関めぐみ　近藤洋一　中川知津子
第3章（責任者　斉藤尚人　杉田正男　新海正博）
　杉田正男　新海正博　斉藤尚人　竹村健一　小林雅弘　中川知津子

第4章（責任者　竹下欣宏　渡辺哲也）
　竹下欣宏　長橋良隆　加藤禎夫　間島信男　渡辺哲也　深澤哲治　杉田正男　中川知津子　関めぐみ　斉藤尚人
第5章（責任者　花岡邦明　中村由克）
　内山高　内山美恵子　中村由克　花岡邦明　渡辺哲也

　本書の出版にあたっては、つぎの方々に資料の提供をいただいたり、原稿を読んでいただき、貴重なご意見ご指摘をいただいたりしました。順不同、敬称略ながら記して深謝の意を表します。

野村哲　酒井潤一　小林忠夫　赤羽貞幸　笹川一郎　諏訪知栄子　原田朋子　三上順子　竹越智　伊藤択真　齋藤克之　松村文太　橋本幸世　長野高等学校の生徒の皆様　東北信野尻湖友の会会員　また発掘にさいしては、町長をはじめ信濃町の皆様にはたえずご支援をいただきました。写真資料の提供などでは、野尻湖ナウマンゾウ博物館にお世話になりました。新日本出版社の柿沼秀明氏には編集の労をとっていただきました。以上のみなさんに心からお礼申し上げます。

　野尻湖発掘に関する参考資料はつぎのとおりです。現在入手可能で、一般向きのものに限りました。

○『野尻湖人をもとめて——野尻湖発掘50年記念誌——』野尻湖発掘調査団
○「ナウマンゾウの狩人をもとめて」野尻湖ナウマンゾウ博物館展示解説
○『1万人の野尻湖発掘』築地書館
○「野尻湖と最終氷期の古環境」アーバンクボタ35号
　PDF版 http://www.kubota.co.jp/siryou/pr/urban/pdf/35/index.html
○DVD　野尻湖発掘の記録　第6次野尻湖発掘
○DVD　野尻湖文化を求めて　第13次野尻湖発掘

　野尻湖発掘の映像はインターネットでも見ることができます。上記のDVD映像のほかに「野尻湖人を求めて一万人の野尻湖発掘」（第10次野尻湖発掘）もご覧いただけます。科学映像館 http://www.kagakueizo.org/

　野尻湖発掘調査団はこれからも、古環境の問題、キルサイトの問題や「野尻湖人」の問題解明に取りくみます。あらたな発見と研究の進展を、楽しみにしていてください。

　発掘に参加してみたいという方は野尻湖発掘調査団事務局までご連絡ください。

連絡先　〒389‐1303　長野県上水内郡信濃町野尻287‐5
野尻湖ナウマンゾウ博物館気付　野尻湖発掘調査団事務局
電話026‐258‐2090　FAX026‐258‐3551
メールアドレス nojiriko@avis.ne.jp
ホームページ　野尻湖発掘調査団　http://nojiriko-hakkutsu.info/
野尻湖ナウマンゾウ博物館 http://nojiriko-museum.com/

2018年2月28日

「野尻湖のナウマンゾウ」編集委員会
（○編集責任者）
○近藤洋一　斉藤尚人　杉田正男
関めぐみ　竹下欣宏　豊岡明子
中川知津子　中村由克　花岡邦明
宮下忠　渡辺哲也　（50音順）

野尻湖《のじりこ》のナウマンゾウ――市民参加《しみんさんか》でさぐる氷河時代《ひょうがじだい》

2018年3月15日　初　版

著　者　野尻湖発掘調査団
発行者　田　所　　稔

郵便番号　151-0051　東京都渋谷区千駄ヶ谷4-25-6
発行所　株式会社　新日本出版社
電話　03（3423）8402（営業）
03（3423）9323（編集）
info@shinnihon-net.co.jp
www.shinnihon-net.co.jp
振替番号　00130-0-13681

印刷・製本　光陽メディア

落丁・乱丁がありましたらおとりかえいたします。

ISBN978-4-406-06194-0 C0021　Printed in Japan

生層序 花粉層序	古環境 古植生	古気候	古水位	酸素同位体ステージ
マツ属（二葉松類）ースギ帯 ブナ属ーコナラ亜属帯	アカマツ・コナラ二次林、スギ植林 冷温帯落葉広葉樹林	冷涼　多雨 温暖　多雨 温暖化	安定した水位	ステージ1
トウヒ属ーモミ属ーツガ属帯	冷温帯北部針広混交林 稠密な亜寒帯針葉樹林	冷涼 非常に寒冷 著しい寒冷　乾燥 気候悪化進行	安定した水位	ステージ2
コナラ亜属ーブナ属帯	冷温帯落葉広葉樹林	温暖　多雨	浅い水位	ステージ3
ツガ属ートウヒ属帯	冷温帯針広混交林	寒冷化	安定した水位 浅い水位	
トウヒ属ーブナ属帯	冷温帯針広混交林 冷温帯落葉広葉樹林	やや寒冷　乾燥	浅い不安定な水位 水深深く安定	
カラマツ属ーカバノキ属帯	亜寒帯針葉樹林から冷温帯北部針広混交林 亜寒帯針葉樹林	寒冷　乾燥 寒冷　乾燥化 寒冷化	水深深化 浅い水位	ステージ4
マツ科帯	亜寒帯針葉樹林	著しい寒冷　多雪	水深深い	
スギ帯	冷温帯落葉広葉樹林 冷温帯南部針広混交林	次第に寒冷化 冷涼　多雨・多雪 やや温暖	安定な水位 水位変動 安定な水位	

万年前　0　1　2　3　4　5　6　7　8